助力乡村振兴
出版计划

【现代农业科技与管理系列】

饲料
安全控制
关键技术

主　编　吴　东

副主编　周　芬　计　徐

U0396153

时代出版传媒股份有限公司
安徽科学技术出版社

图书在版编目（CIP）数据

饲料安全控制关键技术 / 吴东主编. --合肥:安徽科学技术出版社,2022.12(2023.10 重印)

助力乡村振兴出版计划. 现代农业科技与管理系列

ISBN 978-7-5337-8499-7

Ⅰ. ①饲… Ⅱ. ①吴… Ⅲ. ①饲料-安全管理 Ⅳ. ①S816

中国版本图书馆 CIP 数据核字(2022)第 214637 号

饲料安全控制关键技术 主编 吴 东

出 版 人：王筱文 选题策划：丁凌云 蒋贤骏 余登兵 责任编辑：王 勇

责任校对：程 苗 责任印制：梁东兵 装帧设计：王 艳

出版发行：安徽科学技术出版社 http://www.ahstp.net

（合肥市政务文化新区翡翠路 1118 号出版传媒广场,邮编:230071）

电话：(0551)63533330

印 制：安徽联众印刷有限公司 电话:(0551)65661327

（如发现印装质量问题,影响阅读,请与印刷厂商联系调换）

开本：720×1010 1/16 印张：8.5 字数：111 千

版次：2023 年 10 月第 5 次印刷

ISBN 978-7-5337-8499-7 定价：30.00 元

出版说明

"助力乡村振兴出版计划"(以下简称"本计划")以习近平新时代中国特色社会主义思想为指导,是在全国脱贫攻坚目标任务完成并向全面推进乡村振兴转进的重要历史时刻,由中共安徽省委宣传部主持实施的一项重点出版项目。

本计划以服务乡村振兴事业为出版定位,围绕乡村产业振兴、人才振兴、文化振兴、生态振兴和组织振兴展开,由"现代种植业实用技术""现代养殖业实用技术""新型农民职业技能提升""现代农业科技与管理""现代乡村社会治理"五个子系列组成,主要内容涵盖特色养殖业和疾病防控技术、特色种植业及病虫害绿色防控技术、集体经济发展、休闲农业和乡村旅游融合发展、新型农业经营主体培育、农村环境生态化治理、农村基层党建等。选题组织力求满足乡村振兴实务需求,编写内容努力做到通俗易懂。

本计划的呈现形式是以图书为主的融媒体出版物。图书的主要读者对象是新型农民、县乡村基层干部、"三农"工作者。为扩大传播面、提高传播效率,与图书出版同步,配套制作了部分精品音视频,在每册图书封底放置二维码,供扫码使用,以适应广大农民朋友的移动阅读需求。

本计划的编写和出版,代表了当前农业科研成果转化和普及的新进展,凝聚了乡村社会治理研究者和实务者的集体智慧,在此谨向有关单位和个人致以衷心的感谢!

虽然我们始终秉持高水平策划、高质量编写的精品出版理念,但因水平所限仍会有诸多不足和错漏之处,敬请广大读者提出宝贵意见和建议,以便修订再版时改正。

本册编写说明

　　饲料安全是食品安全的源头之一。饲料安全不仅仅关系到动物健康,更是涉及生态环境安全、动物性食品安全和人类健康。

　　众所周知,我国经济高速发展,人民生活水平不断提高,国内市场对肉蛋奶需求也逐年增加,人们对畜禽产品的需求不仅在数量上增加,对质量安全的要求也越来越高。但目前畜禽产品安全生产形势严峻,抗生素等药物残留、饲料霉菌毒素、重金属等影响动物健康,并通过畜禽产品影响人的健康事件时有发生。故饲料安全对促进饲料产业及养殖业健康发展,满足消费者对于畜禽产品质量安全的要求起着至关重要的作用。为此,我们决定编写本书,真诚希望本书成为饲料安全多个层面的入门指导书,并就质量控制和政策干预方面提供相关信息。

　　本书共七章,第一章简要介绍了影响饲料安全的要素和与饲料安全相关的法律法规;第二章着重介绍饲料源性有毒有害因子概况和防控技术;第三章主要介绍常见的几种饲用抗生素替代物;第四章至第六章则分别着重介绍影响饲料安全较为显著的霉菌及其毒素、持久性有机污染物和重金属污染物,并介绍了相关防控技术;第七章则就标准化质量控制技术在饲料安全管理中的应用方面进行了介绍。本书既介绍了饲料安全多个层面的内容,又给予广大基层读者提供一定的帮助。

　　本书汇集了我们所掌握的科学文献、多年来的技术指导培训经验和从实践中得到的一些新技术,以期让读者读有所获。

目　录

第一章 饲料安全概述

随着我国经济的发展，人们生活水平的提高，国内市场对肉蛋奶需求逐年增加。大部分居民生活达到小康水平，他们对畜禽产品的需求不仅在数量上增加，对质量安全的要求也越来越高。目前，畜禽产品安全生产形势严峻，饲料中抗生素等药物残留、重金属及饲料霉菌毒素等影响动物健康，这类畜禽产品影响人的健康事件时有发生。饲料安全对促进饲料产业及养殖业健康发展，满足消费者对于畜禽产品质量安全的要求起着至关重要的作用。

▶ 第一节 影响饲料安全的要素

一 饲料安全概念

饲料安全是指饲料中不应含有对饲养动物的健康与生产性能造成实际危害的有毒和有害物质，并且这类有毒和有害物质不会在畜禽产品中残留、蓄积和转移而危害人体健康或对人类的生存环境构成威胁。

二 饲料安全影响要素

（一）饲料安全因素

（1）生物性污染因素。畜牧业中的饲料从生产加工到投放喂养畜禽

需要多个程序与环节,无论是生产运输,还是存储保管都需要有科学的方法,如在存储环节中的高温、潮湿环境极易引起微生物大量繁殖,进而造成饲料变质。这些饲料很可能在初期变化不大,霉变不容易被发现,但是一旦用其饲喂畜禽不仅会造成畜禽生长缓慢,还可能导致各类疾病,并对后期的畜禽产品造成一定的影响。

(2)化学性污染因素。化学性污染已经成为目前畜牧产业的新兴重点问题,目前大规模畜牧业生产都需要使用各种农药、化肥,另外由于工业领域的发展也带来自然环境的污染问题。饲料的生产和加工都离不开机械化的操作流程,在生产原料上可能含有较多的重金属元素和有机污染物。化学污染物在饲料加工中很难剔除,而且也较难检测,这给养殖户带来很大难题。并且化学污染物有较大的毒性,对于家畜和家禽也有较大的危害,会对养殖户的经济效益造成无法挽回的损失。化学污染物可潜伏于各种生物体内,并在生态系统中形成死循环,对人类有更加严重的危害。

(3)违禁违规品影响因素。目前我国畜牧养殖业还是以小规模为主,养殖规模与发达国家有较大差距。养殖户主要是以追求经济效益为主导的小型经济体,有时为追求经济利益最大化,觉悟较低的养殖户会采取极端方式,如使用违禁品、违规品,目的是增加畜禽的生长速度;或使用"瘦肉精"类药品,提升瘦肉产量。这些违法行为不仅会影响牲畜的健康成长,而且会严重影响人们的身体健康,长期食用不安全的畜禽产品甚至会引发肾衰竭、免疫系统崩溃等严重问题。

(4)转基因饲料影响因素。随着生物技术的发展,转基因作物已成为目前农作物的重要分支,大量的转基因作物也被应用在饲料加工中。目前人们对于转基因作物的缺点和劣势认识还不全面,还没能经过长时间的观察实验做出完全科学合理的解释和判断,将转基因作物作为饲料原料对畜禽的影响需要有长时间的观察,贸然使用转基因饲料会给畜牧业增加较大风险。

（5）自然因素。自然因素对于饲料安全也有重要的影响,很多养殖户对于饲料的食用安全性并没有科学的认识,也缺乏相关的教育和培训,可能会出现私自收集草料的现象,生物碱、皂苷等都是有毒性的物质,这些成分都广泛地存在于自然界的植物中,一旦不留神会与安全饲料混杂。很多有毒性的物质会造成动物体内的蛋白质酶抑制,对动物有较强的副作用,虽然畜禽食用后并不会造成死亡等严重后果,但是会抑制它们的生长,食用这种畜禽产品对人体也有一定的毒害作用。

（二）畜禽饲料产业链安全影响因素

目前,饲料的安全从原料生产到成品产出再到养殖,主要存在以下5种风险:

（1）抗营养成分和过敏成分风险。玉米－豆粕型饲粮是我国商品饲料的主要构成之一。大豆加工不彻底时,大豆中的蛋白酶抑制因子、脲酶、植物凝集素、植酸、单宁、抗原蛋白、抗维生素因子等抗营养因子常常影响畜禽对饲料的消化吸收效率,甚至影响畜禽健康。大豆球蛋白是引起幼龄动物过敏腹泻反应的主要组分之一。

菜籽粕也是畜禽饲粮常用的蛋白质原料,但其含有的硫代葡萄糖苷、单宁等多种抗营养因子,严重影响饲料的安全性、适口性和营养利用率。硫代葡萄糖苷在酶的分解下可产生异硫氰酸酯、噁唑烷硫酮、硫氰酸酯、腈等成分,这些物质会对畜禽内脏器官造成损害,并导致甲状腺肿大而影响动物的生长发育。单宁因具有辛辣和涩味而影响饲料的适口性,从而降低畜禽采食量,也可使畜禽消化酶失活,导致畜禽生长迟缓和抗病力降低。

（2）霉菌毒素污染风险。饲料霉菌毒素污染是一个全球性问题。霉

菌毒素污染涉及面广、毒性大、难破坏,导致其在饲料原料的采收、运输、储藏过程中长期存在,给畜牧生产和食品安全带来隐患。当前,在我国饲料产业中,污染面广且毒性大的霉菌毒素主要有黄曲霉毒素 B_1、伏马毒素 B_1、玉米赤霉烯酮及脱氧雪腐镰刀菌烯醇等。我国大部分地区的饲料及其原料都存在不同程度的霉菌毒素污染,其中华东地区有4种霉菌毒素检出率均较高,华中、华北地区次之;霉菌毒素污染有谷物偏好,如玉米中伏马毒素 B_1、脱氧雪腐镰刀菌烯醇污染有逐渐增加趋势。小麦及其副产品更容易受脱氧雪腐镰刀菌烯醇污染,而豆粕中霉菌毒素的检出率较低。雷元培等人的测定结果表明,玉米副产物、小麦、麸皮及全价料中霉菌毒素污染较为严重,这几类饲料及其原料应作为霉菌毒素污染防控的主要关注对象。

(3)微量元素和重金属含量超标风险。畜禽饲料中微量元素超标、饲料原料重金属污染、畜禽粪便污染等一直是大家关注的热点问题。畜禽长期食用超量添加微量元素或含有重金属的饲料,会降低饲料利用率,影响畜禽生产性能,严重时会引起畜禽中毒甚至导致畜禽死亡。饲料中的微量元素和重金属随畜禽粪便排出,会造成土壤铜、锌、镉等污染以及加速土壤板结,破坏土壤的生态平衡。

矿物质原料是饲料重金属污染的主要来源,包括石粉、预混饲料中的无机载体、单体微量元素原料等。膨润土、蒙脱石、沸石粉、脱霉剂、麦饭石中铅超标现象突出,脱霉剂、蒙脱石、磷酸氢钙、膨润土和石粉类产品中砷超标现象较为明显,石粉、沸石粉、膨润土、蒙脱石、脱霉剂和磷酸氢钙产品中镉含量较高。

(4)持久性有机污染物风险。饲料中的持久性有机污染物能在畜禽体内蓄积,从而间接对人体健康构成危害。其中二噁英和多氯联苯的毒性较强。除有机氯外,在饲料及其主要原料中也检测出多溴联苯醚。

（5）药物残留风险。药物饲料添加剂具有促进畜禽生长和预防疾病的作用，所以在畜禽养殖中被长期使用。一些企业和个人在饲料生产中违法加入瘦肉精、过量兽药和药物饲料添加剂等，使得饲料药物残留问题凸显，不仅引起畜禽耐药性问题、间接影响人体健康，而且对环境造成污染。

▶ 第二节　饲料安全相关法律法规

一　法律法规是饲料安全监督机制形成的合法保障

饲料安全监督机制的建立需要从法律层面确定其合法性。一般来说，行业监督机制建立在行业生产不同个体之间的普遍认识之上，以合理有序的行业规则奠定行业发展的良好基础。对饲料生产行业来说，涉及不同类型的原料、添加剂、销售手段、定价方法、生产技术等，综合因素较为繁杂，且与行业利益和饲料安全相关，间接影响群众生产生活安全，依靠简单的行业自觉性监督很难满足大范围的监督需求，因此需要从立法层面对饲料安全监督进行保障。以动物饲料添加剂的使用为例，在动物饲料生产过程中添加一定浓度的药品或某些特殊添加剂，能大幅度改善肉蛋产品的质量并提高产量，但抗生素等添加剂在动物饲养过程中的过量使用，很有可能增强部分病毒、细菌的抗药性。在此情况下，依赖行业自觉性完成监督，杜绝饲料生产过程中过量使用添加剂难度较大，只能通过法律法规的强制要求，借助相关机构执法人员的强制执法才能给饲料生产安全带来最可靠的保障。总的来说，饲料安全作为我国动物食品生产中的重要环节，必须从立法层面得到最有效的监督和保障，以法

律的威信确保饲料安全机制合理运行。从立法层面明确饲料安全监督在社会生活中的重要性，从司法层面保障饲料安全监督体系建立和运行的合法性，让饲料安全监督不再局限于民间的自觉性监督。

二 法律法规为饲料安全监督带来规范性制度

截至目前，我国饲料安全监督体系已形成以《饲料和饲料添加剂管理条例》为统领，以各类行政法规、原料目录及生产许可办法为内容的饲料安全监督基本法律体系，为饲料生产、销售过程中的各个步骤提供相对完备的法律标准。精细完备的法律体系能使饲料生产过程中的各个步骤有法可依。饲料生产涉及原料、添加剂、生产工艺、贮存、运输等各个方面，技术参数和标准数量众多、种类繁杂，翔实的法律法规有利于在不同细分领域完成精细化监督与管理。一方面，如果单纯依靠企业经营管理自觉性，则生产经营理念将不可避免地偏向于对生产成本和销售利润的锱铢必较，往往导致生产只注重利润收益，忽略生产要素的法律合规和生态利益。通过生产经营许可、申报材料规定等相关方面的统一化和流程化，能从法律制度层面对企业生产经营资质做出提前考量，规避不良生产经营理念带来的行业损伤。另一方面，饲料安全与原材料安全、生产安全及贮存、运输安全等都息息相关，保障饲料产业能在合法范围内运行，对维护饲料市场平稳、动物卫生产品安全具有重要的保障作用。目前，动物饲料市场已伴随着经济动物产业的逐渐细分走向专门化，《宠物饲料管理办法》等专门办法的出台也代表着当下饲料市场的专门化。饲料安全监督在今后要更加注重制度的规范化建设。

三 现阶段饲料安全法律法规体系

（一）我国现阶段饲料安全法律体系框架

我国现阶段饲料安全法律体系框架包括：

（1）起统领性作用的是由国务院出台的《饲料和饲料添加剂管理条例》和原农业部出台的《饲料和饲料添加剂生产许可办法》两份法规。

（2）针对新饲料、新添加剂及宠物类饲料管理的《新饲料核心添加剂管理办法》《宠物饲料管理办法》《宠物饲料生产许可条件》《宠物饲料标签规定》等针对性较强的专门性条例。

（3）针对饲料原料与添加剂等出台的《饲料原料目录》《饲料添加剂品种目录》等目录性文件。

（4）针对生产许可的各种法律规定，包括《饲料生产企业许可条件》《添加剂与混合饲料生产许可申报材料要求》《单一饲料生产许可申报材料要求》等。

总的来说，目前我国对于饲料生产和经营安全监督较为重视，但总体体系系统性不足，缺乏纲领性的立法文件，不同法规条令之间难以明确上下位顺序，因此，在具体监管过程中难以形成系统性的影响力。快速发展的饲料生产行业体系为监督体系的及时更新带来新的挑战，需在立法过程中进行更加全面、系统、深层次的考量。

（二）现阶段我国饲料安全监督法律法规内容体系不翔实

就目前的饲料安全监督法规体系来说，对新兴原材料、宠物产业等方面均具有一定程度上的考量，也能兼顾企业在生产经营过程中应注意的要点，但对生产经营过程中的具体细节认识不足、规定不够翔实，致使看似严格多样的政令规定落地困难，难以形成行业生产共识。

现阶段我国饲料安全监督法律法规内容不翔实，主要是法律法规与

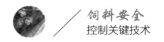
相关行业发展速度不匹配造成的。我国饲料产业起步较晚,发展速度较快,相关法律法规的制定大多滞后于行业发展速度,部分法规的制定实质上相当于在饲料生产出现行业乱象后的"亡羊补牢",因此,呈现出散点状的法规分布状况。这种散点式的法规设置在立法理念上缺乏协调性,加之缺乏强有力的法规统筹,因此,在实际生产实践过程中往往缺少约束力。部分法律法规在制定过程中由于时间仓促缺乏实际考量,导致不同部门制定的规章制度出现冲突,或者下位法与上位法之间或不同法律之间出现冲突,致使基层监管工作人员难以在实际工作中将其落实到位,为饲料企业生产经营活动带来操作困难。

(三)完善层次分明的饲料安全监督法律系统

层次分明的饲料安全监督法律系统是饲料产业平稳健康发展的强有力保障。这不仅包括立法形式和立法体系上的完善,还包括立法内容及执法过程的进一步发展。从立法形式上来说,我国饲料产业急需一部具有行业领导力和权威性的专门性法律,对我国饲料产业发展的主旨做出框架性约束,以便形成饲料产业系统性的发展合力。

在专门法制定过程中,可以从原本具有统领作用的《饲料和饲料添加剂管理条例》出发,扩充其范围、丰富其格式、提升其水平,作为专门法的基础进行法律效力的合理提升,使之从政府法规进一步升级为具备广泛影响力的专门法。同时,还需要在原有饲料安全监督管理条例的基础上进一步优化原有体系,从内容、格式等不同层面进行查漏补缺,形成体系完备的饲料安全监督法律体系。

从立法内容上看,在养殖业与饲料生产行业分工不断细化的条件下,也要进一步细化饲料生产过程中的监督管理要求,针对不同养殖目的对饲料生产监督进行一定的区分,需要以目录的形式进行更加标准的区别和监管。对于生产许可和批准文号等相关行政流程的办理,也要制

定更加简明流畅的许可申请办法,精简原本名目繁杂的法规体系,让这一过程进一步融入互联网政务,优化企业营商环境。从执法角度来说,饲料监管部门执法能力不强和执法部门的不完善是当今饲料安全监督管理难的重要原因。基层监管专业工作人员匮乏、执法职能分布状况不统一,需要农业部门针对饲料行业成立统一的执法管理部门,让饲料安全监督管理工作能得到切实有效的落实。

第二章

饲料源性有毒有害因子控制技术

▶ 第一节　饲料源性有毒有害因子概况

　　饲料源性有毒有害因子是指来源于动物性饲料、植物性饲料、矿物质饲料等中的有毒有害物质,这些不利成分不仅能够破坏饲料营养成分,还能通过生理化学反应等方式阻碍动物对营养成分的消化、吸收和利用,最终对动物机体的健康产生不良影响。通常将这些能够产生不良作用的物质统称为抗营养因子,将对动物机体产生毒害作用的物质称为有毒有害物质,而在生产实践中,抗营养因子和有毒有害物质都可以归为饲料源性有毒有害因子。

一　动物性饲料源性有毒有害因子

　　动物性饲料中存在的有毒有害因子根据原料种类、加工及贮藏条件不同而有很大差异,对动物健康影响较大的主要有鱼粉和肉骨粉。

（一）鱼粉

　　鱼粉通常是用一种或多种鱼类为原料,经去油、脱水、粉碎加工形成的高蛋白质饲料原料。当制造其所用的原料、制造过程与干燥的方法不同时,其品质也不尽相同。由于鱼粉品质不良而引起的毒性问题较为常见,主要集中在以下两个方面。首先,在高温高湿环境下鱼粉极易发生霉变,进而引起细菌大量繁殖,使鱼粉出现腐败变质现象。故鱼粉必须充分干燥,同时需要加强卫生监督,严格限制鱼粉中的霉菌和细菌含量。其次,鱼粉在加工温度过高、时间过长或运输、贮藏过程中会发生自然氧化反应,进而使鱼粉中组胺和赖氨酸结合,产生肌胃糜烂素。研究表明,肌胃糜烂素可使胃酸分泌亢进、胃内 pH 下降,从而损害胃黏膜。我国饲料卫生标准(GB 13078—2017)对饲料用鱼粉卫生标准进行了规定,具体见表2–1。

表2–1 饲料用鱼粉的卫生标准(GB 13078—2017)

卫生指标	允许量
霉菌	$<1 \times 10^4$
细菌	$<2 \times 10^6$
沙门氏菌	不得检出
砷(mg/kg,以总 As 计)	≤ 10
铅(mg/kg,以 Pb 计)	≤ 10
氟(mg/kg,以 F 计)	≤ 500
汞(mg/kg,以 Hg 计)	≤ 0.5
镉(mg/kg,以 Cd 计)	≤ 2
亚硝酸盐(mg/kg,以 $NaNO_2$ 计)	≤ 15

(二)肉骨粉

肉骨粉是利用畜禽屠宰后不宜使用的躯体、残余碎肉、骨、内脏等做原料,经高温蒸煮、脱脂、干燥粉碎制得的产品。除正常生产过程中无法避免少量杂质外,肉骨粉还混有毛、角、蹄、粪便等杂物。肉骨粉的粗蛋白含量一般在50%~60%,且氨基酸组分比较平衡,价格比鱼粉便宜,是鱼粉的优质替代物。然而,肉骨粉的品质变异大,如若以腐败的原料制成产品,品质极差,饲喂畜禽后可导致中毒现象。肉骨粉在加工过程中热处理过度也会导致其适口性差和消化率下降。肉骨粉的原料易感染

沙门氏菌,因此,在加工处理畜禽副产品时,要进行严格消毒。目前由于疯牛病的原因,许多国家已明令禁止使用反刍动物副产品制成的肉骨粉饲喂反刍动物。我国肉骨粉的饲料卫生标准见表2-2。

表2-2　肉骨粉饲料卫生标准(GB 13078—2017)

卫生指标	允许量
砷(mg/kg,以总As计)	≤10
铅(mg/kg,以Pb计)	≤10
氟(mg/kg,以F计)	≤500
铬(mg/kg,以Cr计)	≤5
霉菌总数(CFU/g)	≤$2×10^4$
沙门氏菌	不得检出

二 植物性饲料源性有毒有害因子

饲用植物是家畜的主要饲料来源,但在一些饲用植物中,存在一些对动物不仅无益反而有毒、有害的成分或物质,这些有毒有害因子大致可以分为以下几种。

(一)生物碱

生物碱是存在于自然界(主要存在于植物中,但也有存在于动物中的)中的一类含氮的碱性有机化合物,有似碱的性质,所以过去又称其为赝碱。生物碱广泛分布于植物界,其中毒性生物碱是植物有毒成分中占很大比例的一类化学成分,它们对动物具有强烈的生物活性。毒性生物碱种类繁多,同时具有多种毒性特征,特别是具有显著的神经系统毒性与细胞毒性。如紫云英属植物所含斯旺松宁(吲哚里西啶类生物碱)是一类特殊或强效的甘露糖酶抑制剂,可造成家畜患甘露糖病。生物碱主要存在于植物细胞中,除少数极弱碱性生物碱如秋水仙碱类以外,所有的生物碱都是与酸结合以盐的形式存在,常见的酸有柠檬酸、苹果酸、草酸、琥珀酸和酒酸等。

(二)苷类

植物饲料中可能出现的有毒有害因子,苷类有氰苷、硫葡萄糖苷和皂苷。氰苷本身无毒性,但当含有氰苷的植物被动物采食、咀嚼后,植物组织结构会遭到破坏,在有水分和适宜的温度条件下,氰苷经过与共存酶的作用,水解产生氢氰酸进而引起动物中毒。单胃动物猪及家禽等由于胃液呈强酸性,可以影响与苷共存的酶的活性,所以氰苷的水解过程大多在小肠中进行,中毒症状则出现较晚。牛、羊等反刍动物由于瘤胃微生物的作用,可在瘤胃中将氰苷水解产生氢氰酸,中毒症状则出现较早。有报道称反刍动物在采食15~30分钟后即可发病,单胃动物多在采食后几个小时才呈现症状。中毒主要症状表现为动物呼吸快速及困难,呼出气体呈苦杏仁味,随后全身衰弱无力,行走站立不稳或卧地不起,心律失常。中毒重者最后全身阵发性痉挛,瞳孔散大,因呼吸麻痹而死亡。硫葡萄糖苷广泛存在于十字花科、白花菜科等植物的叶、茎和种子中。例如,大部分油菜种子中的硫葡萄糖氰苷含量在3%~8%,白菜型油菜籽中硫葡萄糖氰苷含量为0.97%~6.25%,芥菜型油菜籽中硫葡萄糖氰苷含量为2.73%~6.03%。

硫葡萄糖氰苷本身并不具有毒性,只是其水解产物才有毒性,如硫氰酸脂、异硫氰酸脂和噁唑烷硫酮等。研究表明,这些硫葡萄糖氰苷水解产物可引起甲状腺形态和功能的变化。饲料用菜籽饼粕中就常含有硫葡萄糖氰苷。菜籽饼粕中的硫葡萄糖氰苷的安全限量范围与菜籽的品种、加工方法、饲喂动物的种类和生长阶段等均有关。一般来说,适宜添加量为母猪、仔猪5%,生长育肥猪10%~15%,生长鸡、肉鸡10%~15%,蛋鸡、种鸡5%。

皂苷是苷元为三萜或螺旋甾烷类化合物的一类糖苷,主要分布于陆

地高等植物中,也少量存在于海星和海参等海洋生物中。皂苷的毒性主要体现在能与胆固醇结合生成不溶于水的复合物,减少胆固醇在肠道中的吸收,进而降低血浆中胆固醇含量。反刍动物在摄入皂苷后血浆及组织中的胆固醇水平无特别变化,这是因为其瘤胃中微生物发挥了重要的作用。皂苷水溶液能使红细胞破裂,故具溶血作用。将皂苷水溶液注射入血液,低浓度时即产生溶血作用,但皂苷经口摄入时无溶血毒性。反刍动物在大量采食新鲜苜蓿后,由于皂苷具有降低水溶液表面张力的作用,可在瘤胃中和水形成大量的持久性泡沫夹杂在瘤胃溶物中。当泡沫不断增多,阻塞贲门时,使嗳气受阻,瘤胃臌气。皂苷对鱼类、软体动物等冷血动物也有很强的毒性作用。

(三)毒肽和毒蛋白

毒肽和毒蛋白是植物中天然存在的一些肽类化合物,其包括一些呈环状结构的多肽且通常具有特殊的生物活性或强烈的毒性。在饲用植物中,植物红细胞凝集素、蛋白酶抑制剂和脲酶是对畜禽影响较大的三类毒蛋白。植物红细胞凝集素简称"凝集素"或"凝血素",是一类可使红细胞发生凝集作用的蛋白质。凝集素在饲用作物中普遍存在,尤其以豆科作物中含量最高。不同豆科作物中的凝集素对红细胞的凝集活性有差异,假设大豆的凝集素活性按100%计算,则豌豆为10%,蚕豆为2%,豇豆几乎为零。植物凝集素进入畜禽消化道后可刺激消化道黏膜,破坏消化道细胞,引起胃肠道出血性炎症。此外,凝集素在消化道中可结合碳水化合物,致使消化道对营养物质吸收能力下降,从而造成动物的生长受到抑制或停滞。如若凝集素进入血液,可与红细胞发生凝集作用,破坏红细胞输氧能力,进而造成毒性作用。

蛋白酶抑制剂从广义上指与蛋白酶分子活性中心上的一些基团结合,使蛋白酶活力下降,甚至消失,但不使酶蛋白变性的物质。目前,在自然界已发现数百种蛋白酶抑制剂,其中对动物影响最大的是胰蛋白酶抑制剂。胰蛋白酶抑制剂主要存在于大豆、豌豆、菜豆和蚕豆等豆科籽实及其饼粕中。其具有抗营养作用,主要体现在其可以抑制蛋白酶、胰凝乳蛋白酶对蛋白质的分解作用,从而降低蛋白质的利用率,并对肠道产生直接的刺激,导致畜禽出现中毒反应,甚至可以引起胰腺肥大,进而使畜禽生长减慢或停滞。

脲酶是一种催化尿素水解成氨和二氧化碳的酶,研究表明大豆中脲酶活性很高,但其本身对动物生产无影响,若和尿素等非蛋白氮同时使用饲喂反刍动物,则会加速尿素等分解释放氨,进而引起动物氨中毒。

(四)酚类衍生物

植物中酚类成分非常多,其中可能影响饲料安全的主要有棉酚和单宁。棉酚是一种存在于棉花根、茎、叶和种子中的多酚类黄色色素,常以结合或游离状态存在,棉酚与氨基酸或其他物质结合形成的棉酚称结合棉酚。具有活性羟基和活性醛基的棉酚称游离棉酚,其在棉饼干物质中的含量为0.03%。游离棉酚引起的毒性反应和危害主要来源于活性醛基和活性羟基。当家畜摄入棉酚后,大部分在消化道中形成的结合棉酚由粪便直接排出,只有小部分被吸收。而畜禽体内的游离棉酚排泄较为缓慢,在体内有明显的蓄积作用,因而长期采食棉籽饼会引起慢性中毒。游离棉酚进入畜禽消化道后,可刺激胃肠黏膜,造成胃肠黏膜损伤进而引起胃肠炎。游离棉酚被畜禽吸收入血后,可增强血管壁的通透性,促使血浆和血细胞向周围组织渗透,使受害组织出现浆液性浸润、出血性炎症和体腔积液现象。游离棉酚易溶于脂质,可在神经细胞中积累,从而使神经系统功能发生紊乱。在棉籽榨油过程中,由于湿热作用,游离棉酚的活性醛基可与棉籽饼粕中的赖氨酸的ε-氨基结合,降低棉籽饼中赖氨酸的利用率。游离棉酚还可破坏睾丸的生精上皮,导致精子畸形、

死亡,甚至无精子等,进而降低公畜繁殖力,甚至造成不育。游离棉酚在动物体内可与多功能蛋白质和一些重要的酶结合,使它们丧失正常的生理功能。我国饲料卫生标准规定游离棉酚的允许量(每千克产品中)棉籽饼、粕≤1 200 mg,肉用仔鸡、生长鸡配合饲料≤100 mg,产蛋鸡配合饲料≤20 mg,生长育肥猪配合饲料≤60 mg(GB 13078—2017)。

单宁又称鞣质,是广泛存在于各种植物组织中的一种多元酚类化合物。植物单宁的种类繁多,结构和属性差异极大,可将其分为可水解单宁和结晶单宁两大类。单宁主要存在于以菜籽粕为蛋白质源的饲料中。单宁的抗营养效果主要表现在可以形成不溶性物质。单宁可与在口腔起润滑作用的糖蛋白结合进而形成不溶物,产生苦涩味,影响动物的采食量。研究表明,可水解单宁和结晶单宁均能明显抑制单胃动物体胰蛋白水解酶、β-葡萄糖苷酶、α-淀粉酶、β-淀粉酶和脂肪酶活性,因而降低饲料中干物质、蛋白质以及大多数氨基酸的消化率。单宁还可与消化道黏膜蛋白结合,形成不溶性复合体排出体外,这使得内源氮排泄量增加。无论是可水解单宁还是结晶单宁,均可发生甲基化反应。这种甲基化反应增强了对甲基供体(蛋氨酸和胆碱)的需求,使蛋氨酸成为第一限制性氨基酸,进而降低其他氨基酸的利用效率。

(五)有机酸

有机酸是指一些具有酸性的有机化合物,其中抗营养作用较为明显的是草酸和植酸。草酸也称乙二酸,是一种强有机酸,常以游离态或盐类形式广泛存在于植物中。在植物组织中,草酸盐存在形式主要有水溶性的酸性钾盐和不溶性的钙盐两种,其中以酸性钾盐的形式居多。在消化道中,草酸盐可以和大多金属离子如钙、锌、镁、铜和铁等形成不溶性化合物,这些不溶性化合物不易被消化道吸收,因此降低了这些矿物质元素的利用率。此外,大量草酸盐对胃肠黏膜有一定的刺激作用,可以引起腹泻,甚至是胃肠炎。此外,大量可溶性的草酸盐被畜禽吸收入血后,可以竞争性结合体液和组织中的钙,然后以草酸盐的形式沉淀,导致畜禽出现低钙血症,进而扰乱体内的钙代谢。当畜禽长期摄食含有可溶性草酸盐的饲料时,草酸盐到达肾脏后,可以形成草酸钙结晶而后在肾小管腔内沉淀,进而导致肾小管阻塞性变性和坏死。此外,畜禽长期摄食含钙量低、含草酸盐多的饲料时,尿中草酸盐排出量也会增多,这可增加尿道结石的发病率。

植酸又称肌醇六磷酸,是从植物种子中提取的一种有机磷化合物,是一种重要的抗营养因子。当畜禽采食含有植酸的饲料后,其能影响畜禽特别是猪和鸡对矿物质元素和蛋白质等营养物质的消化吸收率。豆粕中有60%～80%的磷酸是以植酸形式存在的,这也是磷的主要贮存形式。这种情况下,磷酸基团能牢固地黏合许多二价或三价金属阳离子及蛋白质分子,从而可以大大降低锌、镁、铁、锰等元素的溶解度。

(六)非淀粉多糖

非淀粉多糖一般是指淀粉以外的多糖,是由若干单糖通过糖苷键连接成的多聚体。按照水溶性的不同,非淀粉多糖可以分为水溶性非淀粉多糖和不可溶性非淀粉多糖。其中,水溶性非淀粉多糖具有明显的抗营养作用,主要是混合链β-葡聚糖以及阿拉伯木聚糖。大麦和燕麦中β-葡聚糖含量较高,而小麦及黑麦中阿拉伯木聚糖含量较高。在畜禽养殖过程中,非淀粉多糖可造成饲料转化率下降,导致畜禽生长缓慢,排黏性粪便,这种情况发生的主要原因是阿拉伯木聚糖和β-葡聚糖一旦溶解,便能形成具有高度黏性的溶液。

三 矿物质饲料源性有毒有害因子

矿物质饲料的种类繁多。不论是天然还是工业合成的矿物质饲料,

常常可能含有某些有毒的杂质,引起畜禽发生毒害反应。此外,饲料中矿物质饲料含量过多时,其本身也会对畜禽产生危害作用。

(一)硝酸盐及亚硝酸盐

畜禽摄入过量亚硝酸盐后可以引起急性中毒。亚硝酸盐被畜禽吸收入血后,亚硝酸离子与血红蛋白相互作用,使正常的血红蛋白氧化成高铁血红蛋白。高铁血红蛋白的大量增加可以诱导畜禽出现高铁血红蛋白血症,从而使血红蛋白失去携氧功能,引起组织缺氧。研究表明,当畜禽体内高铁血红蛋白占血红蛋白总量的20%~40%时,畜禽会出现缺氧症状;当占80%~90%时,则可引起畜禽死亡。

亚硝酸盐对畜禽的毒害程度,主要取决于被吸收的亚硝酸盐的数量和动物本身高铁血红蛋白还原酶系统的活性。羊能迅速地将高铁血红蛋白还原为血红蛋白,牛较慢,猪和马更慢。母畜长期采食亚硝酸盐含量较高的饲料后,可出现慢性中毒症状,如可引起受胎率降低,并因胎儿高铁血红蛋白血症,导致死胎、流产或胎儿被吸收;当硝酸盐含量高时,还可使胡萝卜素氧化,妨碍维生素A的形成,从而使肝脏中维生素A的储量减少,引起维生素A缺乏症;硝酸盐和亚硝酸盐可在体内争夺合成甲状腺素的碘,有致甲状腺肿大的作用。亚硝酸盐在一定条件下也可与仲胺或酰胺形成N-亚硝基化合物。这类化合物对畜禽来说是强致癌物。

(二)饲料用磷酸盐和碳酸盐类

磷酸石的主要成分是磷酸钙,可补充畜禽所需的钙和磷。但若使用含氟高的磷酸石长期饲喂畜禽,可引起慢性氟中毒。因此,对含氟量高的磷矿石应脱毒后再做饲料用。我国国家标准规定,饲料级轻质碳酸（HG 2940—2000）中铅含量（以 Pb 计）应≤0.003%,砷含量（As）应≤0.000 2%,钡盐含量（Ba）应≤0.030%,盐酸不溶物应≤0.2%。饲料级磷酸一二钙（HG T3776—2005）中铅含量（以 Pb 计）应≤0.003%,砷含量应≤

0.003%,氟含量(F)应≤0.18%。饲料级磷酸二氢钙(HG 2636—1997)中铅含量(以 Pb 计)应≤0.003%,砷含量(As)应≤0.004%,氟含量(F)应≤0.20%。饲料级磷酸二氢钾(HGB 2860—1997)中铅含量(以 Pb 计)应≤0.002%,砷含量(As)应≤0.001%,氟含量(F)应≤0.18%。饲料用石粉(DB37 T571—2005)中铅含量(以 Pb 计)应≤0.001%,砷含量(As)应≤0.000 2%,氟含量(F)应≤0.2%,汞含量(以 Hg 计)应≤0.000 01%,镉含量(以 Cd 计)应≤0.000 075%。饲料用贝壳粉(DB37 T572—2005)中铅含量(以 Pb 计)应≤0.001%,砷含量(As)应≤0.000 2%,氟含量(F)应≤0.2%,汞含量(以 Hg 计)应≤0.000 01%,镉含量(以 Cd 计)应≤0.000 075%。

▶ 第二节　饲料源性有毒有害因子的预防与控制

目前,饲料源性有毒有害因子超标的现象较严重,给畜产品安全带来了诸多隐患,由此造成的一系列负面影响也日益突出,严重影响了畜牧业的健康可持续发展。因此,对饲料源性有毒有害因子的预防控制就至关重要。现将对常见饲料源性有毒有害因子的预防与控制的解决方案总结如下。

一　动物性饲料源性有毒有害因子的预防与控制

(一)鱼粉

使用鱼粉配制饲料时应选择优质鱼粉并且正确把握用量。一般优质鱼粉的用量应该控制在5%以下,普通鱼粉控制在4%以下,禁用劣质鱼粉。如若畜禽采食劣质鱼粉后发病,应立即替换成优质鱼粉或减少劣质

鱼粉用量。此外,还可在饲料中添加酵母粉或其他蛋白质。饮水中也可以添加0.4%的碳酸氢钠等,饲料中可适量添加维生素 K_3。

(二)肉骨粉

选用肉骨粉时,应当选择由新鲜健康动物屠体制作的肉骨粉。肉骨粉中一般含有较高的动物脂肪,因此不宜贮存太久,否则贮存不当或通风不良会产生脂肪氧化酸败,造成肉骨粉质量下降。肉骨粉中的蛋白质和脂肪含量较高时,是微生物天然培养基,容易滋生微生物,所以通常肉骨粉在贮存时应当添加适量抗氧化剂和防腐剂。

二 植物性饲料源性有毒有害因子的预防与控制

(一)生物碱

生物碱通常在青饲料中存在,因此在饲喂畜禽青饲料时要选择新鲜且水分不宜过多的青饲料。此外,在畜禽饲养过程中要减少饲喂可能含有毒性生物碱的青饲料。可在牧场上每年使用除草剂,控制相关毒草的生长,这项工作最好是在每年春天进行,尤其是在制作干草和青贮饲料之前使用。应当选育优质低毒牧草,如低毒羽扇豆以及低毒草芦等。

(二)苷类

氰苷的脱毒可以利用氰苷可溶于水的特性,经酶或稀酸作用可水解为氢氰酸。氢氰酸的沸点低(26℃),加热易挥发,故一般采用水浸泡、加热蒸煮等办法即可脱毒。磨碎和发酵对去除氢氰酸也有作用。在使用含氰苷的饲料时,应限量饲喂,如木薯块根在配合饲料中的用量一般以10%为宜。也可通过培育低毒品种饲草控制饲料中氰苷的含量。

硫葡萄糖苷脱毒及利用培育"双低"油菜品种,是解决菜籽饼粕去毒和提高其营养价值的根本途径。"双低"油菜是指油菜籽中硫葡萄糖苷和芥酸含量均低的品种。在我国,目前"双低"油菜品种的选育工作已经有了很大的进展,已开始在全国推广。此外,通过改进制油工艺、饼粕脱毒、控制饲喂量都可很好地控制硫葡萄糖苷降解产物对动物的毒性作用。国外发明了在预榨浸出制油以前先灭活菜籽中芥子酶的新工艺,即先蒸炒整粒油菜籽使芥子酶灭活,然后去壳和预榨浸出制油。而菜籽饼粕的脱毒主要采用含水乙醇浸出法和化学添加剂处理法。

(三)毒肽和毒蛋白

凝集素不耐热,只要对饲料进行充分的热处理,使得凝集素灭活或破坏,就不会对动物引起危害。通常情况下,常压下蒸汽处理1小时便可使凝集素完全被破坏。与干热处理相比,凝集素在湿热处理时更容易被破坏。蛋白酶抑制剂是一些糖蛋白,对热不稳定,充分加热可使之失活,从而消除其抗营养作用。然而,过度加热会使一些营养物质如氨基酸、维生素受到破坏。加热处理法一般有湿加热法和干加热法,其中湿加热法较为有效。通常可采用常压下蒸汽加热30分钟即可。此外,脲酶不耐热。脲酶和胰蛋白酶抑制因子在加热时能以相近的速率变性,且脲酶活性容易测定,故常用其活性来判断大豆蛋白加热强度及胰蛋白酶抑制因子被破坏的程度。

(四)酚类衍生物

对于棉酚含量超过0.1%的棉籽饼,如土榨棉籽饼,应该进行脱毒处理。采用的办法通常有硫酸亚铁法、碱处理法、加热处理法和微生物发酵去毒法。硫酸亚铁去毒法是目前国外普遍采用的方法。其原理是硫酸亚铁中的Fe^{2+}能与棉酚螯合,使棉酚中的活性醛基和羟基失去作用。

培育无腺体棉花的品种,棉酚含量可以降到0.04%以下。此外,改进棉籽的加工工艺与技术也可降低棉酚含量。现行的传统加工工艺,由于强烈的湿热处理、棉籽中的游离棉酚与蛋白质等结合形成结合棉酚,使棉籽中蛋白质的消化率和赖氨酸的有效性降低。因此,为了在制油工艺

中排除游离棉酚并保持棉籽饼蛋白质的品质,可以采取先压后浸法,即先将料坯轻度蒸炒,用自动螺旋机榨出大部分棉籽油,再用有机溶剂将剩余棉籽油从油粕中浸提出来。这种制油工艺可达到既充分提净游离棉酚,又保持棉籽饼粕营养价值的效果。

控制含单宁的原料在饲粮中的用量是最简单的方法,对于高粱,可以用脱壳法除去其部分单宁。也可通过配制高蛋白饲粮或在饲粮中添加胆碱和蛋氨酸等甲基供体来缓解单宁产生的不利影响,还可在饲粮中添加能与单宁结合的化学物质(如聚乙烯基吡咯烷酮等高分子聚合物),从而使单宁失去结合蛋白质的能力。用灰水溶液浸泡处理原料,可使单宁与钙、铁等离子结合,从而降低单宁与蛋白质结合的能力。

(五)有机酸

为了预防畜禽草酸盐中毒,可在饲料中添加钙剂。此外,将青饲料用水浸泡/用热水浸烫或煮沸,可除去水溶性草酸盐。植酸广泛存在于植物体中,其中禾谷类籽粒和油料种子中含量丰富,因为它是植物籽实中肌醇和磷酸的主要贮存形式。植酸在植物体中几乎都以复盐(含若干金属离子)或单盐(仅一种金属离子)的形式存在,因此又称为植酸盐。比较常见的是以钙、镁的复盐形式存在,有时也以钾盐或钠盐的形式存在。

此外,还可应用植酸酶降解植酸。维生素 D_3 与植酸酶有协同作用,可在饲粮中添加高水平的维生素 D_3,应用发酵、热处理、酸处理、水浸等方法降解植酸。钙、磷水平也影响植酸酶的活性。钙:总磷比值为(1~1.4):1时,植酸酶效率最高。

(六)非淀粉多糖

通常在以小麦为基础的饲粮中添加酶制剂可以改进饲养效果,因为非淀粉多糖酶制剂可以把黏性多糖降解成较小的聚合物,进而改变了多糖形成黏性溶液和抑制养分扩散的性质。

三 矿物质饲料源性有毒有害因子的预防与控制

(一)硝酸盐及亚硝酸盐

通过作物育种,选育低富集硝酸盐品种。在种植青绿饲料时,可适量施用钼肥,减少植物体内硝酸盐积累;在临近收获或放牧时,可以控制氮肥的用量,减少硝酸盐的富集。同时注意青绿饲料的调制、饲喂及贮存法。叶菜类青绿饲料应新鲜生喂,或大火快煮,凉后即喂。此外,青绿饲料收获后应存放于干燥、阴凉通风处,不要堆压或长期放置。反刍动物采食硝酸盐含量高的青绿饲料时,应当再饲喂适量含有易消化糖类的饲料来降低瘤胃中消化液的pH,进而抑制硝酸盐转化为亚硝酸盐的过程,并促进亚硝酸盐转化为氨,从而防止亚硝酸盐积累。

(二)磷酸盐和碳酸盐类

饲料用磷酸盐和碳酸盐类在添加到畜禽饲料中时,要注意各种有害金属元素的含量不能高于国家相关标准,如用含氟高的磷酸石长期饲喂畜禽,可引起慢性氟中毒。因此,高含氟量的磷矿石应脱毒后再添加到饲料中。

第三章 ▶ 饲用抗生素替代技术

▶ 第一节　饲用抗生素替代技术概述

抗生素是指经过微生物培养或者化学合成得到的、能够特异性杀灭微生物的物质。抗生素在养殖业中主要应用于两个方面：一是治疗畜禽疾病，降低养殖动物的患病率和死亡率；二是加快畜禽生长，提高饲料利用率。但抗生素在动物体内残留会引起各种副作用，如抗生素耐药菌向人体转移、导致人生殖障碍，甚至致癌。因此，探索安全、绿色、新型和高效的抗生素替代物显得尤为重要。

一　我国畜禽养殖业中抗生素的使用现状

中国是全球最大的抗生素使用国家。据美国华盛顿特区非营利组织——动态疾病、经济和政策研究中心2018年绘制的抗生素耐药性地图和多国过去十多年抗生素的使用趋势报告预测，中国畜牧领域的抗生素消费可能在2030年翻一番。为确保抗生素的规范使用，我国完善了法律法规体系，以保障畜禽产品安全。

二　减、停用饲料抗生素是趋势

2006年，欧盟成员国全面停止使用所有抗生素生长促进剂。

从2010年开始,美国食品药品监督管理局开始号召逐步禁止畜牧养殖使用"具有重要医学用途的抗菌药"。

自我国2016年11月停止含硫酸粘杆菌素的饲料添加剂使用等规定的出台,在动物中限制、减少或停止抗生素使用的政府行动明显加速。

2018年5月1日喹乙醇、氨苯砷酸、洛克沙肼等3种兽药的原料药及各种制剂停产(农业农村部公告第2638号)。

在2018年4月16日举行的"2018中国饲料发展论坛"上,农业农村部兽医局局长冯忠武在做报告时表示:药物饲料添加剂将在2020年全部退出;与此同时,农业农村部决定开展兽用抗菌药使用减量化行动。

根据《兽药管理条例》《饲料和饲料添加剂管理条例》等有关规定,按照《遏制细菌耐药国家行动计划(2016—2020年)》和《全国遏制动物源细菌耐药行动计划(2017—2020年)》部署,为维护我国动物源性食品安全和公共卫生安全,农业农村部决定停止生产、进口、经营、使用部分药物饲料添加剂,并对相关管理政策做出调整。

中华人民共和国农业农村部公告 第194号(2019年7月9日):

(1)自2020年1月1日起,禁用除中药外的所有促生长类药物饲料添加剂品种,兽药生产企业停止生产、进口,兽药代理商停止进口相应兽药产品,同时注销相应的兽药产品批准文号和进口兽药注册证书。此前已生产、进口的相应兽药产品可流通至2020年6月30日。

(2)自2020年7月1日起,饲料生产企业停止生产含有促生长类药物饲料添加剂(中药类除外)的商品饲料。此前已生产的商品饲料可流通使用至2020年12月31日。

(3)2020年1月1日前,我部组织完成既有促生长又有防治用途品种的质量标准修订工作,删除促生长用途,仅保留防治用途。

(4)改变抗球虫和中药类药物饲料添加剂管理方式,不再核发"兽药

添字"批准文号,改为"兽药字"批准文号,可在商品饲料和养殖过程中使用。2020年1月1日前,我部组织完成抗球虫和中药类药物饲料添加剂品种质量标准和标签说明书修订工作。

(5)2020年7月1日前,完成相应兽药产品"兽药添字"转为"兽药字"批准文号变更工作。

(6)自2020年7月1日起,原农业部公告第168号和第220号废止。

三 常见的畜禽抗生素替代物种类

目前常用的饲用抗生素替代物有植物提取物、益生菌、寡糖、抗菌肽、酸化剂、酶制剂、溶菌酶、噬菌体等,具体介绍见后面几节内容。

▶ 第二节 植物提取物应用技术

一 植物提取物定义

(1)中国天然植物饲料添加剂通则(GB/T 19424)中对植物提取物添加剂的定义:以一种或多种天然植物全株或其部分为原料,经物理提取或生物发酵法加工,具有营养、促生长、提高饲料利用率和改善动物产品品质等功效的饲料添加剂。植物提取物作为添加剂加入禽畜的日常饲料中可以使饲料的特性得到改善,饲料利用率和动物的生产性能得到有效的提高,同时还能够减少环境污染,提高动物食品的质量。

(2)以植物的花、叶、皮、根、果实等为原料,经过蒸汽蒸馏、压榨等提取过程,获得的由一种或多种天然活性成分组成的生物小分子或高分子植物挥发性油样芳香物质。

二 植物活性成分的提取工艺

传统提取技术有溶剂提取法、水蒸气蒸馏法等,在植物提取中常用的溶剂提取方法有回流法、索氏提取法、冷浸法、渗流法等。回流提取和索氏提取需要长时间的加热,极有可能使植物中的有效成分发生改变;冷浸法和渗流法则提取时间较长,溶剂使用量大。

针对传统提取技术存在的不足,拥有产率好、纯度高、速度快、能耗少等优点的新式提取技术在植物活性成分提取中逐渐得到广泛的应用,主要包括超临界流体萃取、亚临界流体萃取、生物酶法和仿生提取法等。

三 植物提取物分类

目前发现构成植物提取物的化合物有2万多种,一般可以分为萜烯类衍生物、脂肪族化合物、芳香类化合物和含氮含硫类化合物四大类。

植物提取物还可以从功能、活性成分、来源等方面进行分类。

按照功能分为:促生长剂、免疫调节剂、抗氧化剂、调味剂、除味剂、防霉剂、环境改善剂、产品品质改良剂等。

按照活性成分分为:黄酮类、酚酸类、皂苷类、多糖类等。

来源包括:中药提取物、作物提取物、果蔬提取物、茶叶提取物、香辛料提取物等。

四 植物提取物的原料来源和活性成分

(一)原料来源

原料来源有中草药、天然香料等。由于植物种类、提取方法、收获季节、使用部位和产地等不同,植物提取物的活性成分差别很大,其活性成分基本可以分为植物多酚、生物碱类、挥发油类、有机酸类、多糖类和植

物色素等。

（二）活性成分

植物多酚在抗氧化、抗菌、抗病毒、抗微生物等方面具有良好的效果，在茶叶、水果、蔬菜、橄榄等产品中以茶多酚、葡多酚、苹果多酚、橄榄多酚、石榴多酚等形式存在。

生物碱具有抗肿瘤、抗病毒、抗菌、抗炎、抗氧化等多种生物活性，广泛存在于植物（主要是双子叶植物，如毛茛科、罂粟科、防己科、茄科、夹竹桃科、芸香科、豆科、小檗科等）、动物和微生物体内，饲料行业中主要应用的生物碱有甜菜碱、胆碱、肉碱、苦参碱和小檗碱等。

挥发油也可称为精油，从天然植物（如松柏科、木兰科、芸香科、樟科、唇形科、伞形科、姜科、蔷薇科、菊科等）中提取，具有杀菌、抗氧化、抗病毒等生物活性。植物精油是在饲料添加剂中应用较广泛的植物提取物，可清除自由基起到抗氧化的作用，同时还可调节肠道菌群、促进消化液分泌等。

有机酸类是分子结构中含有羧基的化合物。在中草药的叶、根，特别是果实中广泛分布，如乌梅、五味子、覆盆子等。有机酸可减少细菌产生的毒性物质，改善肠壁形态，从而减少病原菌在肠道中的聚集。

植物多糖是来源于天然植物的一种具有生物活性的高分子化合物，在动物生长中能起到促生长、抗氧化和免疫调节的作用，且毒副作用小、在动物体内不易残留。

植物色素广泛地存在于植物的花、叶、果实、皮等中，植物色素不仅具有着色的作用，而且能够增强人体功能、预防疾病等，可用作辅助药物和营养增补剂。

五 植物提取物的生物学功能

植物提取物具有抗菌、抗病毒、抗氧化、免疫调节、抗寄生虫、代谢调控等作用。植物提取物作为添加剂的主要作用是添加到畜禽日粮中，改善饲料特性，提高饲料利用率和畜禽生产性能，改善动物性食品品质，降低环境污染水平。

六 植物提取物的基本特点

（一）天然可靠

植物提取物只是提取植物中的活性物质，这些物质存在于自然界，没有经过化学合成，保持了天然的生物活性。畜禽食用植物提取物后，在体内易降解，不易产生耐药性、毒副作用，畜禽产品中的药物残留的危害小，具有安全可靠性。

（二）功能多样

每种植物中含有多种活性成分，每种活性成分的功能都有差异，从而决定了其功能多样性。提取物中含有的糖、蛋白质、氨基酸等，具有一定的营养价值；含有有机酸类、生物碱类、多糖类、甙类等，具有抗微生物侵染、增强免疫力、抗应激等作用。

（三）资源丰富

植物作为地球上重要的物种，种类相当丰富，而目前能够利用的仅仅是很小一部分；并且植物种植的难度不是很大，资源的可持续性得到有效保证。

七 植物提取物在畜禽生产中的应用

（一）植物提取物在生猪生产中的应用

朱碧泉等研究了植物提取物（PFA）对断奶仔猪生产性能等的影响，结果显示：

①使用0.02% PFA组仔猪日采食量比对照组显著提高了26.15%。②与对照组相比，PFA组显著提高了养分（能量、氮、粗蛋白）消化率；PFA有利于储存中猪肉品质的改善。

另有研究表明，姜黄油和植物多酚能有效杀灭致病性大肠杆菌，对防治断奶仔猪腹泻具有较好的效果。李超等在日粮中分别添加0%、2%和4%菊粉，结果显示，添加2%菊粉能有效提高育肥猪的平均日增重，降低血清甘油三酯、总胆固醇和高密度脂蛋白水平。涂兴强在生长育肥猪日粮中添加大蒜素，结果表明，添加300 mg/kg剂量的大蒜素能提高育肥猪的平均日增重，降低料重比，同时可影响育肥猪血清总蛋白、球蛋白、胆固醇、谷草转氨酶、碱性磷酸酶水平，以及猪肉肉色、系水力、剪切力、肌苷酸和氨基酸含量。李成洪等选用21 kg左右的90头长荣杂交猪，考察植物提取物饲料添加剂对生长猪饲喂效果的影响，结果表明，相比对照组，植物提取物饲料添加剂组能降低猪只腹泻率、腹泻频率及腹泻指数，提高生长猪日增重量和饲料转化率。刘容珍等考察在饲粮中添加3%天然植物提取物对杜长大仔猪生长性能、肠道菌群、血清生化指标和免疫功能的影响，结果显示，添加3%天然植物提取物可提高仔猪日增重量和饲料转化率，增加盲肠内双歧杆菌、乳酸杆菌数量，降低大肠杆菌数量和梭菌数量，提高血液中血清总蛋白、免疫球蛋白、白细胞数量。

（二）植物提取物在禽类动物生产中的应用

陈鲜鑫等研究表明，植物提取物对蛋鸡产蛋性能有提高的趋势，可显著提高血清中免疫球蛋白含量和单一不饱和脂肪酸含量;谢丽曲等研究表明,在饲粮中按150 mg/kg添加植物提取物(康华安)能提高樱桃谷肉鸭生产性能和血清抗氧化功能;Radwan等研究发现,在蛋鸡饲粮中分别添加1%百里香、1%迷迭香和1%姜黄提取物能显著降低血浆中脂质的含量和蛋黄中的总脂质含量,提高抗氧化性能;禚梅等研究表明,在日粮中添加植物提取物(主要活性成分为黄酮、多糖、天然鞣酸和绿原酸等)饲喂肉仔鸡,能提高肉仔鸡日增重、成活率和饲料报酬率,且对肉鸡的体液免疫和细胞免疫均有明显的促进作用;史东辉等研究唇形科植物止痢草提取物对肉鸡血清的抗氧化作用和对鸡肉脂类氧化的影响,结果显示,止痢草提取物能提高血清总抗氧化能力、超氧化物歧化酶活性,降低丙二醛浓度,有效延缓肉中脂类的氧化。

(三)植物提取物在反刍动物生产中的应用

王洪荣等研究发现,在饲料中添加0.6%青蒿素能显著降低山羊瘤胃内菌体蛋白的微循环,使瘤胃原虫吞噬速率和微生物氮循环量减少,从而提高饲料蛋白质的潜在利用效率;Rambozzi等研究表明,丝兰皂甙能提高后备牛的平均日增重;Nasri等研究发现,皂树皂苷可减少羔羊瘤胃中原虫的数量;徐晓明等在奶牛日粮中添加植物提取物(NE 300),发现NE 300作为一种瘤胃调节剂,能促进产奶量,提高乳脂肪、乳蛋白含量,降低生乳体细胞数量和乳尿素氮含量;Carulla等研究结果显示,分别以三叶草和苜蓿为发酵底物,富含缩合单宁的黑荆树提取物,使动物体内甲烷生成量较对照组平均下降13%;Metha等研究表明,给畜禽补充植物油可明显降低总挥发酸产量,辅以缩合丹宁和皂苷时,更能显著降低总挥发酸的产量。植物精油可以提高挥发酸中丁酸的比例。

(四)植物提取物在水产动物生产中的应用

在鱼饲粮中添加植物提取物(葡萄籽与青蒿提取物4:1混合物)能提

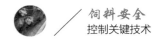

高鱼体肠道消化酶活性,促进消化和三大营养物质代谢活动,加快鱼体生长;在饲粮中添加质量分数为0.15%的植物提取物(类黄酮、多糖)可提高建鲤鱼成活率、单位产量;在日粮中添加适量的植物提取物能提高草鱼血清总超氧化物歧化酶活力,降低丙二醛含量,提高非特异性免疫功能;按300 mg/kg添加植物提取物能显著提高异育银鲫增重率和特定生长率;按200～300 mg/kg添加植物提取物能显著提高鱼体血清溶菌酶活性、一氧化氮浓度、超氧化物歧化酶活性,降低饲料系数和血清丙二醛浓度,提高机体免疫功能,促进鱼体生长。

▶ 第三节　益生菌(益生元)应用技术

一　益生菌和益生元的概念

益生素一词是美国的 R·E.Parker 首先提出的,又名促生素、竞生素、生菌素等,他给益生素下的定义为:使肠道微生物达到平衡的物质。这个原始定义的外延,包括微生物培养物、活体微生物及其代谢物和商品抗生素制剂。鉴于此混乱情况,美国食品与药物管理署把这类产品定义为:直接饲喂的微生物制品,Fuller重新定义其为"一种可通过改善肠道菌群平衡而对动物施加有利影响的活微生物饲料添加剂"。现在的"益生素"一词已成为一种商业术语,是大多数微生物产品在市场上的通称,是一种以制剂形式出现的饲料添加剂。随着益生素研究的不断深入,其概念也将日趋明确、完善。

通常所讲的益生菌特指外源性益生菌。常见的外源性益生菌主要来自饲料微生物,如双歧杆菌、乳杆菌、乳球菌、酵母菌、嗜热链球菌、肠球菌。

益生元是指能够选择性地刺激特定肠道菌的生长、活性而有益于宿主健康的非消化性食物成分，这是 1995 年国际"益生元之父"Dr.Glenn Gibson 对益生元进行的定义。Gibson 等在 2004 年又给出了最新的定义：益生元是一种可被选择性发酵而专一性地改善肠道中有益于宿主健康的菌群组成和活性的食物配料，常称双歧因子。根据 Gibson 最新的定义，作为益生元至少应具备 4 个基本条件：一是在胃肠道的上部既不能被水解也不能被吸收；二是能选择性地刺激肠道内有益菌（双歧杆菌等）的生长繁殖和激活代谢；三是能够优化肠道有益菌的构成和数量；四是有利于增强宿主机体健康。而在 2010 年，国际益生菌和益生元科学协会定义膳食益生元为"选择性发酵的成分，它能使胃肠微生物的组成或活性产生特定变化，进而有利于宿主的健康"。2015 年 Bindels 等提出将益生元进一步定义为"一种不被消化的混合物，通过肠道微生物的代谢，调节肠道微生物群组成或活性，从而赋予宿主有益的生理影响"。

目前公认的可作为益生元的物质包括：功能性低聚糖、多糖、多元醇、蛋白质水解产物、植物提取物等。功能性低聚糖包括低聚果糖、低聚木糖、低聚异麦芽糖、低聚半乳糖、低聚甘露糖和水苏糖等；多糖，如菊粉、抗性淀粉等；多元醇，如木糖醇、甘露醇等；蛋白质水解产物，如酪蛋白的水解物、乳铁蛋白等。其中，功能性低聚糖是主要的，也是被研究得最多的一类益生元。而这其中又多以低聚半乳糖、低聚果糖、低聚木糖和甘露寡糖为主。

（二）益生元和外源性益生菌的联系

益生元是内源性益生菌和外源性益生菌的"食物"，它可以不受饲料加工过程和胃酸的影响，以完整的分子形式到达小肠。而外源性益生菌

是活的有益微生物制剂,它到达小肠之后还能保持相对的活性。通常,100亿个活的微生物到达肠道后最终存活的还不足10亿个。

三 益生菌应用技术

(一)益生菌的生物学作用

有研究表明,益生菌作为饲料添加剂可对动物机体产生有益影响,主要是通过补充肠道微生物、刺激有益微生物的增殖来调整或维持正常的微生物菌群平衡来实现的,可使有益菌群在胃肠道中占据主要地位,同时有效地抑制病原菌的扩增,从而在内环境以及营养方面全方位维持动物正常代谢。

(1)促生长作用。机体正常的动物和体内的微生物菌群与生存环境进行着有序的能量、物质和基因交换,共同维持着胃肠道的正常功能。益生菌可以促进动物消化道的生理性发育及其代谢水平。有学者用地衣芽孢杆菌饲喂肉仔鸡后,试验组鸡小肠黏膜皱裂增多,绒毛加长,黏膜陷窝加深,使小肠吸收面积增大;试验组鸡小肠、大肠、肾、脾、肺的PAS(高碘酸 – Schiff反应)阳性率高于对照组,细胞多糖增加,但肝的PAS阳性率低于对照组,这表明机体对糖源利用加速,多糖代谢水平增高;试验组鸡内脏细胞碱性磷酸酶阳性率明显高于对照组,这说明试验组鸡细胞RNA、DNA及蛋白质合成水平均有提高。益生菌还能够提供动物生长发育所必需的部分营养物质、酶及调节因子。有研究指出,盲肠中的微生物可提供动物需要营养量的25% ~ 35%。益生菌(如双歧杆菌、芽孢杆菌)能够合成多种维生素,如维生素B_1、维生素B_2、叶酸、烟酸等。有学者通过对无菌鸡和正常鸡的生长比较试验证明,饲粮中缺乏核黄素、维生素B_6、叶酸、烟酸时,一些缺乏症状可因肠道微生物合成的维生素而缓解。王俐等的研究表明,肉仔鸡肠道微生物有利于维生素B_2的合成。并有研究表明,益生菌能促进钙、镁的吸收,改善矿物质的利用率。益生菌含有能够合成参与机体物质代谢的多种消化酶,如蛋白酶、脂肪酶、淀粉酶和植酸酶等,从而增加宿主总酶活性,提高饲料利用率。有学者研究发现,给仔猪饲喂益生菌后可使其肠内的蔗糖酶、乳糖酶、三肽酶的活性提高。张春杨等用产蛋白酶的益生菌制备成益生菌剂饲喂肉鸡,能明显提高其消化道内容物中的蛋白酶活力,提高幅度最高可达21.76%。目前,关于益生菌促动物生长机制的研究很多,但由于对益生菌本身的性质以及胃肠道微生态的认识不足,使目前的研究只能停留在一些理化指标的检测上,未能追踪其根本原因,这在很大程度上限制了对益生菌作用机理的探究,从而无法就某一菌株对机体的效应进行准确定位,也无法确定菌剂促生长的主导作用因素。另外,益生菌的作用可能与神经内分泌、免疫调节有密切的关系,这种复杂的内部因素目前未建立起完整的联系,因此也就无法确定益生菌作用的完整模式。

(2)防病、治病作用。正常生理条件下动物胃肠道中的微生物菌群处于平衡状态,有益微生物作为优势菌群,从许多方面抑制病原微生物的生长,从而达到防病、治病的目的。益生菌的防病、治病机理如下。

生物夺氧:对于胃肠道微生物来说,有益的优势菌群大多为厌氧菌,一些有益的耗氧益生菌(芽孢杆菌)能够降低局部胃肠道氧气的浓度,从而确保优势菌群的增殖,同时抑制需氧性病原菌的生长。有学者在给生长育肥猪饲喂地衣芽孢杆菌后,发现其肠道菌群中厌氧菌(双歧杆菌、乳酸杆菌等)增多,而需氧菌及兼性厌氧菌特别是大肠杆菌显著减少。

生物屏障:正常微生物群是有序地定植于黏膜或细胞上皮上的,形成膜状屏障物,而有害菌只有定植于黏膜上皮的某些位点上才能对机体发挥毒性作用,益生菌能够与致病菌竞争黏膜上皮位点,在一定程度上阻止其附着。有学者研究发现,当给大鼠饲喂青霉素后,其肠内容物中

出现大量的白假丝酵母,肠黏膜表面也黏附着大量的白假丝酵母,而未饲喂青霉素的大鼠,其肠内容物和黏膜表面只存在少量的白假丝酵母,这说明青霉素降低了大鼠盲肠内黏附于黏膜层的梭状细菌,从而释放出一些附着位点,这些被释放的位点随后立即被白假丝酵母占据。闫凤兰等在肉仔鸡饲粮中添加枯草芽孢杆菌,使鸡肠道中乳酸杆菌数量增加、沙门氏菌数量减少,说明益生菌通过某些途径对有害菌产生屏障作用。

产生有益的代谢产物:乳酸菌作为益生菌使用时可产生挥发性脂肪酸和乳酸,芽孢杆菌进入动物肠道后能够产生乙酸、丙酸和丁酸等挥发性脂肪酸,降低肠道pH,从而有效地抑制致病菌的生长。有研究指出,从健康动物肠道分离的两株芽孢杆菌,在固体和液体培养基中对猪大肠杆菌、猪霍乱沙门菌、鸡大肠杆菌、鸡白痢沙门杆菌等有颉颃作用,其原因主要是芽孢杆菌产生了细菌素。

免疫调节和免疫刺激功能:益生菌通过免疫途径对机体起作用的主要方式是免疫刺激和免疫调节。免疫刺激就是使个体的免疫反应功能获得一定的提高,这对无法正常免疫或免疫低下的个体尤为重要。多数乳酸杆菌和双歧杆菌能够提高机体抗体水平。Fangac等研究表明,口服乳酸杆菌GG可以提高机体对轮状病毒和沙门杆菌疫苗的抗体反应性。Fukushima等证明短乳杆菌能够提高脊髓灰质炎病毒疫苗的IgA水平。Solana等认为益生菌可以提高老年个体T细胞诱导的免疫反应,提高NK细胞和吞噬细胞的功能。Sheih研究表明鼠李糖乳杆菌和乳酸杆菌联合使用可以提高老年个体的细胞免疫功能。益生菌的免疫调节作用主要通过调节致炎和抗炎因子的平衡达到抑制过敏反应的目的。

(二)益生素在畜禽生产上的应用

关于益生素在动物生产中的应用效果,国内外学者做了很多有益的探索,主要是在猪、鸡和草食动物三个方面。益生素在生产中的作用可概括为：提高动物生长速度和增重、提高饲料效率和防治疾病、降低死亡率。

(1)益生素在生猪生产上的应用。Hale等指出，添加了乳酸杆菌发酵物的饲料，能使仔猪日增重提高5.4%，仔猪下痢显著降低。Pollan对仔猪的试验结果是：用乳酸杆菌发酵物饲喂，日增重提高8.4%，饲料转化率提高4.8%；用乳酸杆菌合剂饲喂，日增重提高2.5%，饲料转化率提高6.8%；用纯乳酸杆菌饲喂，日增重提高8.6%。王士长等在母猪产前1周至产后15天使用0.1%益生素粉剂、仔猪1~30日龄灌服益生素乳剂(按菌种不同配比分为益生素乳剂试验Ⅰ，Ⅱ，Ⅲ，Ⅳ组)，结果试验组的仔猪增重分别比对照组提高8.6%、7.7%、13.0%和10.0%，差异显著；对照组仔猪下痢发病率为67.64%，4个试组的发病率仅为30%左右。郑春田等用益宝素添加到母猪日粮中(500 g/d)使母猪分娩指数提高5.7%，窝产仔数提高6.5%，每窝死胎率降低19.1%；哺乳期仔猪死亡率降低6.3%，哺乳期仔猪日增重提高11.3%，母猪受胎成功率提高8.5%。断奶仔猪饲养试验显示，益宝素(50 g/d)使仔猪断奶后日增重提高15.2%，断奶后死亡率降低21.4%，断奶后仔猪料肉比降低4.8%。肖世平等在断奶仔猪日粮中添加生菌素，使其日增重提高4.2%，饲料消耗降低3.4%。薛艳秋在仔猪日粮中添加0.1%益生素，使仔猪日增重提高15.65%，饲料转化率提高14.53。金岭梅等研究了在仔猪日粮中添加微生态制剂的效果，试验组比对照组(中草药)断奶重提高4.31%，平均日增重提高4.55%。

(2)益生素在鸡生产上的应用。益生素应用于肉仔鸡后可获得良好的生产性能已被许多试验所证实。李桂杰等指出，在1日龄肉仔鸡日粮中添加益生素(双歧杆菌、乳酸杆菌、酵母菌、光合菌等十几个菌株)，试验组添加量分别为0.1%、0.2%，试验期49天，平均增重分别比对照组提高了6.44%和8.82%，料重比分别降低了6.34%和8.78%。胥清富等用K 94

活菌剂(乳酸杆菌、双歧杆菌和3种芽孢杆菌)在日粮中添加1%饲喂1日龄AA鸡,在1~15日龄,日增重比对照组提高10.39%,饲料转化率提高10.27%;16~30日龄,试验组采食量提高5.4%,日增重提高了14.47%,饲料转化率提高8.7%。益生菌对蛋鸡生产性能的影响相对比较稳定。Nahashon等对蛋鸡应用益生菌的一系列研究工作后发现,在玉米-豆粕型日粮中应用乳酸菌制剂后,产蛋率、蛋重显著提高;在产蛋期内(20~59周龄)饲喂蛋白质水平为15.3%的日粮时,添加乳酸菌可以显著地提高蛋重。Mohan等研究发现,向日粮中按100 mg/kg添加益生菌,蛋鸡的产蛋量可以提高5%;在10周龄时按150 mg/kg添加益生菌,可使鸡血清中胆固醇的含量由176.5 g/l下降到114.3 g/l。Ganford指出,饲喂益生素的蛋鸡,其产蛋量和料蛋比分别比对照组提高3.9%和3.4%。陈德华等在罗曼商品蛋鸡饮水中添加光合细菌液,经过56天试验,产蛋率提高了12.7%,平均蛋重提高1.1%,破损率降低5.9%,料蛋比降低12.1%,死亡率降低8%。刘卫东等在罗曼商品蛋鸡饮水中添加微生态制剂,产蛋率比对照组提高了3.1%,料蛋比较对照组降低0.07%,发病率较对照组降低4.05%。任宇瑛等在蛋鸡饲料中添加1.0%光合细菌液和0.5%蜡样芽孢杆菌菌液,经8周试验,试验组比对照组产蛋率提高12.2%,平均蛋重提高1.06 g,破损率降低10%,饲料转化率提高10.43%,大肠杆菌病死率减少4.5%。

(3)益生素在草食家畜生产上的应用。草食家畜应用益生素的报道较少,但是饲喂益生素对提高其生长性能有良好作用。袁森泉等指出,犊牛饲喂含有活性的芽孢型微生物(DFM),可提高犊牛日增重1.9%~13.7%,提高饲料利用率1.7%~10.9%;单独使用嗜酸性乳酸杆菌或与其他乳酸杆菌混合使用,可减少犊牛腹泻,在有的试验中还提高了日增重。龙忠富指出,用光合细菌、放线菌、乳酸菌等组成的EM处理饲草喂肉牛,比微贮、氨化稻草提高日增重78 g和137 g。在肉牛日粮中应用酵母或酵母添加物,可使肉牛前期增重4.3%~22.2%。Bacton等对马的试验表明,益生素添加组的幼骑生长速度提高20%,饲料利用率也显著提高,下痢明显减少,呼吸道疾病也得到控制。饲喂益生素的母马应激症减轻,发情率提高,且皮毛品质也得到改善。石传林等在比利时肉仔兔日粮中添加0.2%的加酶益生素,经过90天的试验表明,试验组比对照组日增重提高15.2%,添加益生素的试验组,未出现任何不良反应,而对照组在试验初期有5只兔出现不同程度的腹泻。

(三)使用益生素过程中应注意的问题

(1)益生素的安全性。可用作益生素的菌种有很多,在实际应用中应深入研究各菌种的生理特性,从中筛选出一些优良菌种,而且要尽量选育一些来自动物正常菌群的菌种,在试验过程中定期进行安全试验检测,以保证菌株无毒副作用,这样才能最大限度地发挥其益生作用。

(2)益生素的有效性。选择菌种时要保证活菌制剂中活菌的含量与稳定性,主要是控制一些外界因素的影响,如温度、湿度、酸度等;在饲料加工过程中,菌株必须能经受起高温的考验,可以通过微胶囊包埋技术和基因工程技术来保证益生素正常效力的发挥。

(3)益生素的针对性。使用益生素要充分考虑其作用对象以及使用目的,对不同动物要区别对待,对不同的生产需要应选择合适的制剂,只有这样才能达到理想的效果。例如促进仔猪生长发育则选用双歧杆菌等菌株为好;反刍动物一般选用真菌类益生素,以曲霉菌为好,可加速纤维素的分解;用于改善养殖环境则主要选用光合细菌等。

(4)益生素的施用时间和施用剂量。益生素在动物的整个生长过程中都可以使用,但不同生长时期其作用效果不尽相同,一般多用于幼龄动物以防止病原微生物侵害肠道,提高其防御能力。在因环境因素影响使动物处于应激状态下时,动物体内微生态平衡遭到破坏,使用益生素

对形成优势种群极为有利。

（5）益生素的持续性。使用益生素主要是为了维护正常微生态平衡，这是一个长期的过程，在动物养殖过程中必要时应不间断地应用。

（6）益生菌的稳定性。益生素产生菌株的稳定性一直是一大难题，以休眠体形式代替活菌形式投入到饲料中饲喂动物是值得探讨的问题，再利用基因工程技术，使休眠态的益生素在动物体内特定位点激活，以发挥其预期效力；利用遗传工程技术，改善益生素的耐热、耐酸等抗外界不良环境特性，采用各种生物技术开发出更多的益生素品种，是值得深入研究的问题。

四　益生元应用技术

（一）益生元的生理功能

（1）改善动物肠道微生态。通过在饲料中添加益生元，可使动物肠道菌群数量得到提高，粪便排出量也有所增加。益生元在肠道中以溶解的状态存在，这样可以改变肠道的渗透压，导致水流量的增加。益生元在肠道被利用后可产生气体、短链脂肪酸和乳酸盐，这些物质能影响消化道的运动性，从而有利于改善便秘。在饲料中添加益生元可以使有益菌更好地生长。Roberfroid 指出，低聚糖能够促进有益菌的生长，特别是双歧杆菌和乳酸菌的增殖，而有益菌在消化道内起到屏障作用，其增殖最终可减少胃肠道疾病的发生。而致病菌如大肠杆菌、沙门杆菌、产气芽孢梭菌等因不能利用低聚糖而导致饥饿死亡。另有研究表明，寡糖不仅能充当碳源或营养物质，而且还可以促进并调节双歧杆菌的生长，并有黏附作用。

（2）促进矿物质的吸收。Ohta用添加了10%低聚果糖的饲料喂养小鼠，试验结果表明，低聚果糖可以促进机体对钙、铁、镁、锌等元素的吸收,并可阻止因缺乏雌性激素而引起的骨质丢失。另有研究发现,小鼠采食半乳糖寡糖后,钙和镁的吸收量得到了不同程度的提高,并且小鼠血中铁的浓度也有所提高。以不同模型做试验得到的研究结果表明,益生元能促进机体对矿物质的吸收,而吸收矿物质这一过程主要是在大肠中发生。益生元在肠道内被有益菌利用,通过发酵产生有机酸,使肠道内的pH降低,改变了矿物质在肠道内的运输过程,主动运输和被动运输都得到增强,最终使得矿物质在肠道内的代谢得到改善。因此,益生元可以促进机体对矿物质的吸收,进而可以利用食用益生元来防治骨质疏松。

(3)调节脂类代谢。功能性低聚糖益生元可以调节肝脏中脂肪代谢,降低血清胆固醇,提高 HDL/LDL 值。Dacidson 等的试验表明,每天给予患有轻度高胆固醇的患者服用18 g抗性淀粉一段时间后,血清总胆固醇和LDL-胆固醇含量降低。

(4)增强免疫力。益生元可以促进双歧杆菌增殖,而双歧杆菌具有很强的免疫刺激作用,能刺激巨噬细胞使其产生活性。巨噬细胞被激活后可分泌抗生素,使淋巴细胞被刺激而分裂,不断生成淋巴细胞。对动物免疫力而言,肠道内淋巴组织起重要作用,所以肠道内有关淋巴组织的增强,可以使动物免疫力得到提高。益生元在动物体内被有益菌利用,可以生成短链脂肪酸(主要是乙酸、丙酸、丁酸)和乳酸,酸的生成可以使肠道内pH降低,在酸性环境下腐败不容易发生,并得到控制,而且排便得到促进。在pH较低的条件下,一级胆酸转变成二级胆酸的反应减少(二级胆酸有致癌性),氨和胺转化成 NH_4^+,从而有利于减少细胞癌变。益生元发酵产生的短链脂肪酸尤其是丁酸对大肠上皮细胞有营养作用,不仅可以作为结肠细胞的主要能源基质,有助于免疫细胞的育成,而且可以增强细胞增殖分化能力。

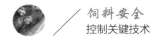

（二）益生元在畜禽养殖中的应用

Janardhana 等研究指出,益生元能调节鸡肠道盲肠免疫细胞的增殖分化,从而影响肠道局部免疫,同时也调节了全身免疫水平。有关益生元在对鸡的热应激方面的研究表明,低聚半乳糖降低了鸡空肠热休克蛋白 HSP 70、HSP 90 的表达,并且抑制了白细胞介素-6 与白细胞介素-8 的表达。Yang 等通过聚合酶链式反应-变性梯度凝胶电泳技术分析结果指出,仔鸡饲喂益生元后,显著提高了香农指数与丰富度,表明益生元可以调节肠道微生物区系。

Mcdonnell 等在研究低聚半乳糖对育肥猪肠道免疫的影响中,发现低聚半乳糖的添加能有效抑制鼠伤寒沙门杆菌感染引起的炎症反应,并且增加回肠内白细胞介素 -10 以及黏液素 -2 的表达。Cindy 在研究母源性低聚果糖对仔猪影响时,发现低聚果糖显著增加仔猪肠系膜淋巴结中单核细胞的密度,同时增加了派尔集合淋巴结分泌型免疫球蛋白 A 的分泌,说明其对后代肠道免疫的完善起到一定作用。Al-izadeh 研究发现,给仔猪饲喂一定量的低聚半乳糖后,能促进仔猪肠道紧密连接蛋白的表达以及提升 β 防御素-2 的转录水平。Smiricky-Tjardes 给猪按 35 g/kg 的剂量喂食益生元 6 周,与对照组相比,双歧杆菌数量和乙酸水平显著增加,同时降低了肠道 pH。Xu 等研究了使用低聚果糖剂量 0 g/kg、2 g/kg、4 g/kg 和 8 g/kg 添加饲料对肠道形态和微生物群的活性影响。结果表明,添加 4 g/kg 低聚果糖的饲料对动物的平均日生长和双歧杆菌及乳酸菌的生长有正向影响,同时抑制鸡胃肠道大肠杆菌的生长。Spring 等研究发现,与没有改变饮食结构相比,添加含甘露寡糖酵母菌导致鸡肠道沙门氏菌减少 26%。Thitaram 等研究证实了注射 1%、2% 和 4%(体重)不同浓度的异构寡糖(IMO)对感染斑疹沙门氏菌的肉鸡肠道微生物群的影响。结果表明,动物饲料中添加 IMO 导致斑疹伤寒的数量显著减少,而咀嚼、消化和喂养效果与对照组无显著差异。研究表明,过高的益生元剂量可能对胃肠系统和动物生长过程产生负面影响。然而,益生元对鸡肠道中双歧杆菌的增加有积极作用。

使用益生元和益生菌具有相同的目标,即调节胃肠道的微生物群,它们对创建有益微生物群的积极作用是不容置疑的。外源益生菌有利于机体自身微生物群遭到破坏后的迅速恢复,而益生元主要是为了有益菌的生长。关键是要找出哪种特定的益生元更适用于已添加的外源性或内源性益生菌。

▶ 第四节　其他抗生素替代技术

一　抗菌肽

1980年,瑞典科学家Boman使用蜡状芽孢杆菌从惜古比天蚕中诱导分离出第一种抗菌肽,命名为天蚕素。此后数年,人们相继从细菌、真菌、两栖类、昆虫、高等植物和哺乳动物中发现并分离获得具有抗菌活性的多肽,人们已发现7 000余种抗菌肽,其中APD已经收录了2 684种天然抗菌肽。由于最初人们发现这类活性多肽对细菌具有杀菌活性,因而命名为"antibacterial peptides,ABP",后发现其对微生物也有很好抗性,因此改名为"antimicrobial peptides,AMPs"。

抗菌肽是生物体内经诱导产生的一种具有生物活性的小分子多肽,是先天免疫反应进化过程中相对保守的成分。通常是由20～60个氨基酸残基组成的短肽,相对分子质量为2 000～7 000,具有强碱性、强阳离子性、热稳定性及广谱抗菌等特性。此外,由于抗菌肽对高等动物的正

常细胞是无毒无害的,使其成为替代传统抗生素的新途径及动物生产中的新热点。

(一)抗菌肽的分类

(1)按来源分类。根据抗菌肽来源的不同可以分为五大类,分别是昆虫源抗菌肽、植物源抗菌肽、动物源抗菌肽、微生物源抗菌肽及人工合成抗菌肽。由于昆虫源抗菌肽涉及颇广,研究较深,特将昆虫从动物门类中单独划出。

(2)按功能分类。抗菌肽有抗细菌、抗真菌、抗病毒、抗肿瘤及杀灭寄生虫等种类。

(二)抗菌肽的功能

抗菌肽具有广谱抗菌活性,可以快速查杀靶标,并且其中很多是纯天然的肽,使其迅速成为潜在的治疗药物。抗菌肽的治疗范围为革兰阴性菌、革兰阳性菌、真菌、寄生虫、肿瘤细胞等。

(1)抗细菌功能。抗菌肽的抗细菌功能包括抗革兰阳性菌、抗革兰阴性菌等。大部分抗菌肽均具有抗革兰阳性菌的功能,但不同抗菌肽的抗菌活性有较大差异,且抗菌谱也不同。最近研究表明,在抗菌时不同的抗菌肽之间甚至抗菌肽与传统的抗生素之间有协同和辅助作用,将抗菌肽和抗生素连用可以提高药物疗效,或者拓宽传统抗生素的抗菌谱。

(2)抗真菌功能。许多抗菌肽除具有抗细菌功能之外还有抗真菌的功能,其中一个重要因素就是抗菌肽与质膜的相互作用。研究证明,抗菌肽抗真菌能力与真菌的属、种和孢子的状态有关。

(3)抗寄生虫功能。有些抗菌肽可以有效地杀死寄生于人类或动物体内的寄生虫。如:Cecropins 类似物 shiva-1、蛙皮抗菌肽爪蛙素等可以杀死疟原虫;来自蛔虫体内的抗菌肽可以杀死利什曼鞭毛虫;柞蚕抗菌肽 Cecropins D 对阴道毛滴虫有杀伤作用。抗菌肽靶标是寄生虫的质膜,从而间接引起细胞内部结构和细胞器改变,干扰细胞正常代谢。

（4）抗病毒功能。研究表明,多种抗菌肽都具有抗病毒活性,这些病毒的共同特点是拥有膜结构,如艾滋病病毒、疱疹病毒、疱疹病毒型口炎病毒等。抗菌肽能通过多种机制发挥抗病毒作用,如与病毒的包膜相结合、抑制病毒的繁殖或者干扰病毒的组装合成。

（5）抗肿瘤功能。一些阳离子抗菌肽对肿瘤细胞有广谱杀灭活性效果,为癌症患者提供了一类新型的抗癌药物。其抗肿瘤机制主要有:溶解肿瘤细胞膜、破坏细胞内线粒体、对细胞 DNA 造成损伤、破坏细胞骨架、促进机体免疫效应、诱导细胞凋亡、抑制肿瘤血管生成等。

（三）抗菌肽在畜禽生产中的应用

近年来,由于抗生素在动物生产过程中的过度使用,导致动物机体紊乱,肠道微生态平衡被破坏,使动物机体的自身抵抗力下降。同时,也导致动物产品和环境中出现大量抗生素残留,使致病菌的耐药性增强,危害人类健康。由于抗菌肽具有多种生物学活性,具有易消化吸收、耐酸碱、耐热等性能,因此可作为抗生素替代品添加在畜禽饲料中。作为新型绿色饲料添加剂,抗菌肽可以提高动物生产性能、增强动物免疫力、改善动物肠道形态和盲肠菌群结构,对营养物质的吸收利用具有促进作用,目前已经在许多动物生产中得到应用。

（1）提高生产性能及产品品质。抗菌肽作为一种新型高效的绿色饲料添加剂不会在畜禽体内产生残留,并对畜禽生产性能和产品品质的有效提升有十分积极的意义。侯佳妮等研究表明,鲎素抗菌肽能延缓蛋鸡产蛋后期产蛋率的下降幅度,改善鸡蛋品质。徐帆等研究表明,抗菌肽可提高断奶仔猪的生长性能和免疫活性指标。董晓庆等研究发现,抗菌肽对建鲤肌肉中蛋白质含量具有提高作用,并且能改善肌肉品质。Liu等研究表明,抗菌肽能提高幼山羊的平均日增重。提高饲料中果胶酶、

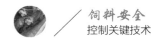

木聚糖酶和脂肪酶的活性,能使幼山羊体重增加,并影响瘤胃发酵功能。付义凯等研究发现,禽类β-防御素在保护精子的作用方面具有一定的特殊性。

(2)提高畜禽免疫力。在饲料中添加抗菌肽可使动物的免疫能力有所提高。王莉等研究表明,在817肉杂鸡的日粮中添加天蚕素抗菌肽,可以提高其免疫器官指数、ND抗体水平和T淋巴细胞转化率。袁威等发现在断奶仔猪的日粮中按1 000 mg/kg添加复合抗菌肽不仅可以提高仔猪生长性能,同时还可提高血清中细胞因子的含量,提高免疫功能。胡世康等研究表明,在饲料中添加适量的微生物抗菌肽S 200,可以提高凡纳滨对虾中超氧化物歧化酶、溶菌酶的活性,从而提高凡纳滨对虾的抗氧化能力和杀菌活性,增强其免疫功能,有助于凡纳滨对虾养殖成功。杨颜铱研究表明,复合抗菌肽"态康利保"可提高川中黑山羊机体的细胞、体液免疫应答,从而提高山羊的免疫能力。

(3)杀菌抑菌,改善肠道菌群结构。肠道菌群可维持机体的免疫和消化吸收功能,并能参与宿主代谢,促进动物生长发育。王建发现,抗菌肽Api-PR 19能显著减少饲养后期肉鸡盲肠有害菌大肠杆菌和空肠弯曲杆菌的数量,并在一定程度上维持了盲肠微生物的丰度,改善肠道健康。陈张华等研究表明,在饲料中添加复合抗菌肽不仅能使断奶仔猪肠道内乳酸杆菌的数量增加,还能减少肠道大肠杆菌的数量,且最适添加量为1 000 mg/kg。Liao等在抗菌肽对南美白对虾的影响研究中发现,多肽S 100可以改善南美白对虾的生长性能和肠道菌群结构,并能提高抗菌和免疫功能。Ren等通过在山羊饲料里添加不同剂量的抗菌肽与空白对照组做比较,发现饲喂抗菌肽的山羊瘤胃微生物菌群结构得到改善,瘤胃发酵功能发生改变,并提高了饲料利用率。

(4)改善肠道形态,促进营养吸收。肠道结构和形态的完整是机体正常消化吸收和维持动物健康的基础。Hu等将猪肠道抗菌肽添加到肉仔鸡日粮中,发现能显著提高肉鸡生产性能,减少肠道损伤,并能改善和提高慢性热应激条件下的正常肠道结构、吸收功能和黏膜免疫功能。梁秀丽等研究发现,抗菌肽APB-13可促进仔猪小肠形态发育,改善盲肠微生物菌群结构,从而提高仔猪生长性能,降低腹泻率。苏保元比较了不同抗菌肽如天蚕素、表面活性素粗提品以及表面活性素发酵产物对斜带石斑鱼肠道组织结构的影响,结果表明,天蚕素和表面活性素均可增加肠黏膜皱襞高度和肌层厚度。

二 酸化剂

酸化剂作为一种绿色环保型饲料添加剂,具有无污染、无残留、吸收迅速、参与能量代谢且对生态无害等优点,已受到业界广泛关注,被视为能替代抗生素的产品之一,成为与益生素、酶制剂及中草药等并列的重要添加剂。酸化剂在改善饲料利用率、降低病死率、提高动物生产性能和增强抗应激能力等方面有显著的作用,在动物生产中显示出广阔的应用前景。

(一)酸化剂种类

(1)无机酸。无机酸的种类繁多,目前广泛应用于动物营养中的无机酸主要有硫酸、盐酸和磷酸等。但由于它们具有较强的酸性,易给动物机体带来强烈刺激,对动物体内物质代谢、矿物质吸收有一定影响。

(2)有机酸。有机酸具有良好的风味,能改善饲料适口性,提高动物采食量;且含有一定能量,可参与体内营养物质的代谢,进而改善动物生长性能和健康状况,但使用成本较高。在生产中应用较广泛的有机酸主要有甲酸、乙酸、丙酸、丁酸、乳酸、柠檬酸、延胡索酸、苹果酸、酒石酸、山梨酸等。

（3）复合酸化剂。复合酸化剂是将两种或两种以上的特定有机酸和无机酸按照一定比例复合而成，目前广泛应用的有磷酸型复合酸化剂和乳酸型复合酸化剂，不同酸化剂之间的协同作用能有效提高动物生产性能。几种在不同pH范围起作用的酸复配在一起，有更广的抑菌和调菌区系，为维持良好的微生物肠道区系创造条件。

（4）包被型缓释酸化剂。包被型缓释酸化剂是由许多酸化剂采用微胶囊制剂及酯化缓释技术对其包被生产出的酸化剂，它能够使酸化剂的酸化作用延伸到畜禽的胃肠道，比普通的酸化剂具有更好的应用效果。

（二）酸化剂作用机理

（1）降低饲粮pH，抑制病原菌和霉菌生长。饲粮经过酸化剂处理后，pH下降、酸度增加。饲料酸度的增加意味着其与酸的结合能力降低，此外，有机酸还具有一定的抑菌和杀菌活性，能减少饲粮中油脂的氧化酸败，因而经常被用作饲料的防霉抗氧化剂。连凯霞等研究表明，添加复合酸化剂0.1%和0.2%均可显著降低饲料pH和系酸力，能有效防止饲料被常见霉菌污染。

（2）提高饲料适口性。动物喜好酸化剂的酸味，其可刺激动物味蕾及唾液和消化酶的分泌，具有诱食剂的功效。同时，饲料中加入酸化剂后，可掩盖饲料中某些不良气味，提高适口性。

（3）降低胃内pH，提高消化酶活性。机体消化道内存在多种消化酶，如胃蛋白酶、胰蛋白酶、脂肪酶和淀粉酶等。不同的酶所需的最适宜pH不尽相同，多数酶最适pH接近中性，而胃蛋白酶的最适pH为2.0～3.5。在动物饲料中添加酸化剂后，可以适当降低胃内的pH，这对胃蛋白酶的激活有促进作用，进而促进蛋白质在胃内的消化，加强营养物质吸收。特别是幼龄动物分泌的胃酸和消化酶较少，胃内酶活性低，酸化剂能降低其胃内pH及系酸力，改善消化道的内环境，增加饲料消化性，进而提高动物对饲料的利用率。郭鹏等研究发现,在肉仔鸡日粮中添加酸化剂能够降低消化道pH,提高十二指肠蛋白酶和淀粉酶活性。

(4)延缓胃排空速度,促进营养物质消化吸收。酸可以反馈性地影响消化道排空速度,在胃内的作用效果更为显著。胃排空主要是受胃幽门和十二指肠前端的压力差控制,当酸性食糜进入小肠后,对十二指肠壁形成化学刺激,低pH可降低胃排空速度,增加食糜在胃中的停留时间,提高营养物质的消化利用率。当酸化剂是有机酸时,有些有机酸是能量转换过程中的中间产物,可直接参与代谢;有些有机酸具有特殊的生化效应,可参与部分能量代谢或基团转换反应。故有机酸可减少因糖异生造成的组织损耗,因此在日粮中添加有机酸还可增进动物对干物质、蛋白质和能量的利用率。此外,酸化剂还能促进矿物质元素和维生素的吸收。一些常量和微量元素在碱性环境中易形成不溶性的盐,而酸化剂在降低胃肠道内容物pH的同时,还能与一些矿物元素形成易被吸收利用的络合物,从而促进矿物质元素的吸收。Boling等研究发现,在日粮中添加柠檬酸可以提高鸡对锰元素的利用率。

(5)降低动物胃肠道pH,改善微生物区系。在饲料中添加酸化剂,可以降低饲粮pH,在一定酸性环境下,对乳酸菌等益生菌的生长有促进作用,而对适宜在中性或偏碱性环境下生长的大肠杆菌、葡萄球菌和链球菌等病原微生物有抑制作用。有研究表明,酸化剂能够抑制大肠杆菌的生长,同时促进乳酸杆菌的增殖,且随着添加量的增加,大肠杆菌逐渐减少,而乳酸杆菌则增多。吴秋珏等指出,富马酸可以促进动物胃肠道有益菌的增殖,提高微生物发酵能力,抑制有害菌,维持肠道正常的屏障功能,从而提高机体抗病能力。

(6)缓解应激反应,增强免疫机能。畜禽早期断奶、分群、转群、运输、接种疫苗等应激因素均可导致其抵抗力下降,使畜禽产品质量下降,

损害养殖业的经济效益。而某些酸化剂的供能途径比葡萄糖短,因此在机体应激状态下可用于紧急合成ATP,维持机体正常新陈代谢,提高畜禽的抵抗能力。此外,酸化剂还能有效抑制动物肠道内病原菌的生长,对动物免疫系统具有调节作用,可间接提高动物接种疫苗的效价,降低动物体内血清谷草转氨酶活性。李建平等研究结果表明,柠檬酸可以提高育肥猪组织或血清的抗氧化酶活性,降低脂质过氧化物含量,提高抗氧化功能。

(三)饲用酸化剂在养殖生产中的应用

(1)饲用酸化剂在猪生产中的应用。韩庆功等将126头断乳仔猪随机分成酸化剂组、抗生素组和对照组,酸化剂组与对照组相比,日增重提高6.01%、日耗料量降低6.72%,料重比降低11.40%,与抗生素组差异不显著;酸化剂组仔猪粪便中大肠杆菌数量分别比对照组(38天、48天、58天)降低40.38%、15.46%和28.13%;断奶仔猪日粮中添加酸化剂可以替代抗生素,具有改善肠道菌群,促进生长的良好效果。张旭晖等研究表明,在仔猪饲粮中添加有机酸化剂能够有效改善断奶仔猪的生长性能和肠道健康,降低肠道有害菌总数。

(2)饲用酸化剂在家禽生产中的应用。许丽惠等研究表明,在黄羽肉鸡饲粮中使用添加量为0.3%的包被酸化剂,能够改善黄羽肉鸡生长性能,降低肠道pH,提高消化酶活性,改善微生物区系组成,提高血清中过氧化氢酶活性及机体总抗氧化能力。沈家鲲等研究表明,在海兰褐蛋雏鸡日粮中添加复合酸化剂可以改善饲料利用率,对改善雏鸡的免疫性能及血液中抗氧化指标具有一定的促进作用。刘艳利等研究结果表明,在饲粮中添加0.05%酸化剂能显著提高蛋鸡的平均日采食量;添加0.20%酸化剂能显著降低料蛋比,显著增强试验期30~60天的蛋壳强度;添加0.20%酸化剂能显著提高试验期30~60天鸡蛋的蛋白高度,显著提高十

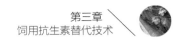

二指肠食糜中淀粉酶和胰蛋白酶的活性,并显著降低消化道大肠杆菌的数量。

（3）饲用酸化剂在水产动物中的应用。目前,部分学者认为饲用酸化剂影响鱼类生长主要表现在两个方面:一是提供大量氢离子,降低消化道pH,加快营养物质的消化;二是提供有机酸,抑制革兰阴性菌的生长。肖顺应等研究表明,在草鱼饲粮中添加苯甲酸,以磷酸氢钙为磷源,草鱼增重率和生长率显著提高,料重比显著下降;在没有无机磷源条件下,使用苯甲酸对青鱼的生长无改善作用。尚卫敏研究表明,在草鱼饲粮中使用不同酸化剂,可显著提高超氧化物歧化酶（SOD）、血清谷胱甘肽过氧化物酶（GSH–Px）、溶菌酶（LZM）等活性,增加微量元素含量;使用复合酸化剂,可显著提高血清碱性磷酸酶（ALP）、肠道与肝胰脏脂肪酶和淀粉酶活性,降低血清中丙二醛（MDA）含量;使用乳酸和柠檬酸,可显著增加肝脏和胰脏中的淀粉酶、脂肪酶活性。目前有关酸化剂对水产动物生长、饲粮中营养物质的吸收以及利用率等作用机制的文献不多,但要充分肯定其对水产动物生长的促进作用,今后势必在水产养殖中进一步推广应用。

三 酶制剂

随着生物科学技术进步,酶制剂作为一种饲料添加剂,越来越多的功能被发现,在畜禽养殖中应用越来越广泛。酶制剂不仅可以扩大饲料来源,提高饲料利用效率,还可以改善畜禽肠道健康、提高生产性能、提高机体免疫力、直接杀灭细菌、改善畜禽养殖环境,是有望成为替代抗生素的产品之一。

（一）酶制剂概念

酶制剂是由活细胞产生的、不耐高温的一种生物催化剂,具有高效

性、专一性的特点。一种酶只对一种或一类物质的反应进行催化作用。酶制剂来源广泛,动物、植物、微生物都可以用来生产酶制剂。生物体内参与生化代谢的酶有数千种,能作为饲料添加剂的饲用酶制剂仅有20多种。

(二)酶制剂分类

饲用酶制剂在养殖领域被广泛应用,可以分为消化酶和非消化酶。消化酶是指在畜禽体内能够合成并参与营养物质代谢的酶,如淀粉酶、蛋白酶、脂肪酶等。非消化酶是指畜禽不能自身合成的酶,多来源于微生物,能消化畜禽自身不能消化的一些物质或降解一些抗营养因子,如非淀粉多糖酶、植酸酶等。酶制剂还可以分为单一酶制剂和复合酶制剂。两种及两种以上酶制剂混合,或由一种或多种微生物发酵可得复合酶制剂。

(三)酶制剂作用机理

饲用酶制剂在畜禽生产中的作用机理主要有以下几种。

(1)补充畜禽内源酶的不足,提高饲料消化利用率。消化系统发育不完善的幼龄动物、消化酶分泌能力下降的老龄动物或消化酶分泌紊乱的动物均存在内源酶分泌不足,不能彻底地进行饲料消化吸收。向日粮中补充外源性消化酶可以将肠道中饲料的大分子物质转化为易吸收的小分子物质,减少粪便中残留的营养物质。酶制剂不仅对畜禽内源酶起到补充作用,还可激活其内源性消化酶的分泌。

(2)破坏抗营养因子,提高饲料消化利用率。一般的饲料粉碎工序难以破坏饲料中的细胞壁,单胃动物如猪、鸡等自身的内源消化酶也无法消化细胞壁,细胞壁阻碍了动物的内源消化酶与细胞壁包裹的物质的充分接触,降低了动物对营养物质的消化率。而非淀粉多糖酶可以降解细胞壁,释放出植物细胞内的营养物质,与消化酶充分接触,提高饲料的消化利用效率。非消化酶还可以降低畜禽肠道内容物黏度,减小因黏性引起的抗营养作用,从而提高饲料养分的消化率和吸收利用率。

(3)减少肠道有害微生物,维护肠道健康。当不易被消化吸收的非淀粉多糖进入畜禽肠道的后段时,会被肠道内的有害微生物利用;有害微生物的大量繁殖,会使肠道内菌群失衡,破坏肠道健康,影响畜禽生产性能,诱发疾病。添加非淀粉多糖酶可以降低畜禽肠道内食糜黏度,减少食糜和营养物质在肠道内的停留时间,抑制肠道中有害微生物的繁衍,维护畜禽肠道健康。

(4)提高机体免疫力。添加酶制剂可提高畜禽的消化利用率,提高血液中与免疫相关的激素的水平,增加畜禽免疫器官的比重,增强机体的免疫力。此外,还可促进肠道中双歧杆菌、乳酸杆菌等有益菌群的繁殖生长,进而改善机体免疫力。

(5)直接杀菌抑菌,维护机体健康。一些酶制剂可以直接杀灭细菌或抑制病原微生物的生长,如葡萄糖氧化酶、溶菌酶、过氧化氢酶等。葡萄糖氧化酶通过氧化葡萄糖生成葡萄糖酸,它能抑制病原菌生长;葡萄糖氧化酶通过氧化反应还可以消耗胃肠道内氧气的含量,营造厌氧环境,抑制病原菌;还可以通过产生一定量过氧化氢达到广谱杀菌效果。溶菌酶可通过催化水解肽聚糖中的N-乙酰氨基葡萄糖和N-乙酰胞壁酸之间的β-1,4糖苷键来破坏细菌的细胞壁,最终导致细菌溶解,起到抗菌作用。

(四)酶制剂在家禽生产中的应用

(1)在肉鸡日粮中的应用。目前,关于饲用酶制剂在家禽日粮中的应用研究国内外有许多报道。国外大多在高黏度日粮(以大麦、小麦等为基础日粮)中,添加复合酶制剂(含NSP酶),可显著降低肉鸡肠道食糜黏度,改善肉鸡生产性能和提高营养物质利用率。研究结果表明,在黑

麦型日粮、高粱日粮中添加酶制剂能提高肉鸡的生产性能、养分消化率等。彭玉麟指出，肉仔鸡生产性能的提高主要是因为木聚糖酶提高了日粮淀粉和脂肪消化率，从而消除木聚糖的抗营养作用。我国比较典型的常规日粮是玉米–豆粕型。陈成功在玉米–豆粕型日粮中添加复合酶制剂，提高日粮总代谢率3%~7%，粗蛋白质代谢率提高了16%~22%，肉鸡体增重提高5.7%~13.5%，饲料转化率提高了2.35%~8.63%。秦江帆等确认在饲喂肉仔鸡的玉米–豆粕型基础日粮中添加木聚糖酶0.5%与β–葡聚糖酶0.2%，日增重可以提高7%~10%，降低饲料消耗3%~14%。

（2）在蛋鸡日粮中的应用。鸡的消化道较短，肠道微生物菌群少，对养分的消化吸收不彻底和肠道食糜黏度的存在，影响了营养物质的消化吸收。因此，有必要在日粮中添加酶制剂。Cowan等试验表明，在蛋鸡饲料中添加酶制剂可提高鸡对养分的消化吸收率和饲料转化率，改善产蛋性能。Danicke试验结果表明，在蛋鸡玉米–豆粕型日粮中添加复合酶制剂（主要含有木聚糖酶、β–葡聚糖酶和纤维素酶）能显著改善饲料转化率。Mathlouthi指出，在蛋鸡小麦/大麦和玉米–豆粕型基础日粮中添加复合酶制剂（主要含有木聚糖酶和β–葡聚糖酶）显著改善了饲料转化率，但对产蛋率和蛋重无显著影响。Bedford等指出，在豆粕日粮中添加酶制剂对产蛋鸡有促进作用。杨久仙等研究了降低日粮磷水平后，添加复合酶制剂对蛋用种鸡生产性能、繁殖性能和日粮中磷利用率的影响。刘燕强等指出，在大麦日粮中添加粗酶制剂对鸡产蛋率无明显提高，而对蛋重和鸡蛋质量有所改善。车永顺等在蛋鸡日粮中加入纤维素酶、胰蛋白酶和混合酶制剂，使产蛋率提高了7.84%，饲料消耗下降5.91%。刘静波等试验表明，在罗曼蛋鸡的玉米–豆粕型基础日粮中添加复合酶制剂，其产蛋率提高5.39%~7.47%，破、软蛋率下降3.24%~3.91%，料蛋比下降2.24%~14.38%，平均蛋重差异不显著，对提高蛋鸡生产性能有明显的促进作用。何欣等试验表明,复合酶制剂对蛋鸡生产性能(平均蛋重、平均产蛋数)没有显著影响;但它可以显著改善蛋鸡的蛋壳质量,并且较明显地抑制产蛋后期产蛋率的下降。朱元招试验表明,加酶日粮较对照组能量利用率和蛋白质表观消化率分别提高5.77%和7.81%。

(3)在养鸭生产上的应用。大量研究结果表明,酶制剂的添加能够改善肉鸭及蛋鸭的生产性能,提高经济效益。杨玉华和李丽立均指出,酶对肉鸭具有促生长作用。贺建华等研究结果表明,在日粮中添加一定量的小麦和复合酶制剂对肉鸭生产性能有显著影响。高宁国等指出,给肉鸭喂大麦基础日粮,营养水平较低(含 CP 为 15.7%),添加粗酶制剂,21日龄时增重比对照组提高18.60%。张堂田等指出,在玉米–豆粕型日粮中添加0.5%木聚糖酶、0.5%纤维素酶和0.1%β–葡聚糖酶,能使樱桃谷肉鸭的日增重提高24.17%、料肉比降低8.13%。吕敏芝等在玉米–豆粕型日粮中添加0.15%华酚酶,能使仙湖3号肉鸭的日增重提高8.67%、料肉比下降6.27%。徐欢根等用小麦替代75.7%的玉米并添加0.07%复合酶的日粮饲喂肉鸭与饲喂玉米–豆粕型日粮的肉鸭相比,前者肉鸭的日增重提高6.16%、料肉比降低7.75%。何健等试验表明,随着蛋鸭日粮营养水平的下降,鸭的采食量提高,添加酶制剂可使产蛋率升高;当日粮营养水平下降9%时,产蛋率提高3.4%,经济效益提高12.2%。日粮营养水平降低了,但因添加酶制剂提高了饲料转化率,使鸭的产蛋率提高了,经济效益增加了。

(五)酶制剂在养猪生产中的应用

一般来说,酶制剂对猪的应用效果不如对家禽那么明显。可在仔猪日粮中添加以消化酶为主的复合酶,补充仔猪内源酶分泌量的不足,提高淀粉、蛋白质等饲料养分消化利用率,促进消化道的发育,有利于提高仔猪的消化机能,减少腹泻,增强机体抵抗力。因此,在断奶仔猪日粮中

添加包含α-淀粉酶和蛋白酶等复合酶制剂,能明显提高仔猪生产性能、饲料转化率,并能降低腹泻的发生率。李同洲等在饲喂断奶仔猪的玉米-豆饼型日粮中添加复合酶,结果表明,日增重和饲料报酬率显著提高,腹泻率降低。宋连喜等在饲喂断奶仔猪日粮中添加0.1%猪用复合酶制剂,结果表明,断奶仔猪的平均日增重提高了6%,饲料报酬率提高5%,经济效益提高4.4%。王春景等证实在小麦型仔猪日粮中添加适量的NSP酶制剂,可大大提高饲料利用率,从而降低饲料成本,提高经济效益。酶制剂对育肥猪同样也有良好的饲喂效果。育肥猪日粮中粗纤维含量较高,应添加以纤维素酶、木聚糖酶和果胶酶为主的复合酶制剂。Campebell等试验发现,在猪的大麦型日粮中添加复合酶制剂,可使饲料的能量利用率提高13%,日粮的蛋白质吸收率提高21%。鲍咏梅等在二元杂交猪非常规日粮(由次粉、米糠、菜籽饼等配制而成)中添加复合酶,日增重比对照组提高17.8%,料肉比下降8.72%。赵京扬指出,在玉米-豆粕-麦麸基础日粮中添加不同水平(0%、0.05%、0.10%和0.15%)的复合酶制剂(以木聚糖酶、β-葡聚糖酶等为主),试验结果表明,试验1组、2组和3组猪日增重分别比对照组提高8.70%、14.36%和18.87%,料肉比依次比对照组下降1.80%、10.79%和8.27%,且提高了蛋白质、粗纤维、粗脂肪和无氮浸出物等主要养分的消化率。

(六)酶制剂在反刍动物生产中的应用

在反刍动物日粮中使用外源酶始于20世纪60年代,饲用酶制剂用于反刍动物生产在过去一直有争议。研究人员长期认为反刍动物瘤胃中瘤胃微生物产生的纤维分解酶活性本来就很高,其瘤胃纤维分解酶活性不可能用简单添加外源酶的方法得到提高。然而,最近有关酶制剂在反刍动物中的推广应用和作用机制的研究越来越多,将酶制剂添加到反刍动物日粮中,可以显著提高生产性能并减少饲料营养物质的浪费;在草食动物饲料中添加以纤维素酶为主的复合酶制剂,可补充瘤胃微生物产酶的不足,提高生产性能;另外,有学者认为,给瘤胃微生物区系尚未完全发育的幼龄反刍动物补充酶制剂可能会更有用。Beauchemin综述了在反刍动物日粮中添加外源酶的应用效果。在牛高粗料日粮中添加外源酶的研究结果表明,纤维素酶的添加能改善粗饲料中纤维消化率,但对肉牛生产性能的改善常与动物生理状况和试验条件有关。McAllister等试验证明,在反刍动物日粮中添加外源纤维素酶,能提高反刍动物平均日增重。杨彬发现,添加纤维素酶能提高反刍动物饲料表观消化率和蛋白质消化率。大量研究结果表明,在奶牛日粮中添加外源酶能提高饲料消化率和产奶性能。Kung等通过试验证明,在以玉米青贮或以苜蓿草为主的日粮中喷洒液体羟甲纤维素酶和木聚糖酶可以提高奶牛产奶量。Phipps指出,在奶牛日粮中添加外源酶制剂能提高奶牛的产奶性能。尹长安等指出,利用纤维素酶处理玉米秸秆,发现葡萄糖含量明显增加。由此可见,纤维素酶对秸秆粗纤维的分解是肯定的,且效果明显;饲养试验也证明在奶牛日粮中添加0.05%纤维素酶,产奶量增加6.4%,饲料利用率提高6.11%,经济效益提高16.12%。贾铭吉等在奶牛日粮中添加复合酶制剂,奶牛日均产奶量较对照组提高1.36 kg,增幅为5.2%。韩增祥等指出,在绵羊精料中添加复合酶,可提高绵羊日增重、饲料转化率以及酸性洗涤纤维、纤维素、半纤维素和粗蛋白质的消化率。

(七)酶制剂应用方式及注意事项

酶制剂具有易变性,应用时需要适宜的温度和pH等条件。在畜禽养殖过程中,添加酶制剂的方式主要有以下几种:一是将固体状的酶制剂直接均匀地添加到配合饲料中,这种添加方式目前应用最普遍,操作简单,容易推广。二是将液态酶制剂喷洒在颗粒料的表面,这种添加方式也避免了制粒过程中对酶制剂的影响,但是液态酶制剂的稳定性较

差。三是直接用酶制剂来饲喂动物,此法在饲养少量畜禽时可行,饲养量大时,操作麻烦,饲喂量不均匀。四是用酶制剂对饲料原料进行预处理。饲料酶制剂和其他的添加剂不一样,酶制剂具有专一性,因此,在饲料中添加酶制剂时要根据饲料种类、畜禽品种、年龄、自身状态及养殖环境条件选用适合的酶制剂。

（四）溶菌酶

溶菌酶是一种糖苷水解酶,因其具有溶菌作用,故命名为溶菌酶。溶菌酶是生物组织中广泛存在的一种无毒的小分子碱性蛋白酶,能催化细菌骨架物质肽聚糖的降解,导致细菌裂解死亡。溶菌酶具有抑菌、抗炎、抗氧化、抗病毒、提高机体免疫力的作用。溶菌酶在畜禽生产上应用可以提高其生长性能,降低生产成本。吴汉东研究表明,在饲料中添加溶菌酶能显著提高育肥猪的生产性能、胴体品质及肉质特性。Nyachoti等使用大肠杆菌、埃希氏菌的致病性血清型菌株 K88 对断奶仔猪进行攻毒,并口服溶菌酶溶液,发现仔猪肠道生长状况良好,肠黏膜上炎性因子减少,这表明溶菌酶具有抗炎、调节肠道健康的作用。杨荣芳研究添加溶菌酶对蛋鸡产蛋性能和蛋品质的影响,筛选出蛋鸡日粮添加溶菌酶的最佳剂量为 15 mg/kg,此时平均蛋重、产蛋率与对照组相比显著提高,料蛋比显著降低,这表明在日粮中添加溶菌酶可以改善蛋鸡生产性能。

（五）噬菌体

噬菌体是感染细菌、真菌、放线菌或螺旋体等微生物的病毒,其侵入细菌细胞内并产生酶破坏细胞壁从而裂解细菌。因此,噬菌体具有杀菌、感染并裂解细菌的功能,与抗生素相比,噬菌体制剂具有特异性强、自我增殖快、研发时间短等优点,而且研究认为噬菌体不会感染人体细胞,它们作为抗菌剂使用不会产生明显的副作用和毒理作用,也不会破坏机体的正常菌群、引发严重的内毒素血症,所以在人类医学和动物疾病防治、水产养殖等领域有重要作用。

卢国民等将大肠杆菌噬菌体通过饮水给肉鸡服用,收集其粪便,测定粪便中大肠杆菌菌群数、细菌总数,结果表明,大肠杆菌噬菌体可使肉鸡肠道中大肠杆菌菌群数和细菌总数显著减少。用噬菌体治疗对虾发光病效果显著,优于抗生素。例如,Karunasagar研究表明,注射两种噬菌体的对虾存活率均高于80%,而注射土霉素和卡那霉素的对虾存活率为68%和65%;Vinod研究发现,经过17天试验,噬菌体治疗组对虾平均存活率高达86%,高于抗生素治疗组40%的存活率。

（六）中链脂肪酸

中链脂肪酸是含有6～12个碳原子的饱和脂肪酸,包含己酸(C6)、辛酸(C8)、癸酸(C10)和月桂酸(C12)。

中链脂肪酸在乳汁、椰子油和棕榈油中含量较高。中链脂肪酸一般不需降解就可以通过被动扩散吸收,部分也会通过酰基酯化后被吸收。中链脂肪酸结合蛋白的亲和力较低,因此,大部分中链脂肪酸不会被重新酯化,而是直接通过肝门静脉运输到肝,只有少部分形成乳糜微粒。因此,中链脂肪酸能被有效吸收并代谢,从而快速供能。

中链脂肪酸可以抑制消化道细菌的生长,特别是能抑制沙门氏菌和大肠杆菌,还可以改善肠道绒毛长度和隐窝深度,因此可以保护肠道健康。

中链脂肪酸还具有免疫调节作用,因此,中链脂肪酸在取代抗生素改善猪生产性能和健康方面具有良好前景。

研究发现,与豆油相比,在饲喂仔猪的饲料中添加椰子油(日粮中含

2.5%的中链脂肪酸)可以使仔猪增重提高10%。

（七）卵黄抗体

卵黄抗体是蛋鸡使用抗原免疫后产生的抗体由血液转入卵黄中形成的,其化学性质稳定、特异性强、产量高、生产成本低且可规模化生产,是较为理想的抗生素替代产品。卵黄抗体对预防及治疗由细菌和病毒引起的消化道与非消化道疾病,以及提高动物特别是幼龄动物的生产性能具有良好的作用,是一种新型且高效的绿色饲料添加剂。

卵黄抗体主要通过以下作用环节达到抗菌的作用:抗特定病原菌免疫球蛋白Y(IgY)能直接黏附于病原菌的细胞壁或菌毛和鞭毛上,抑制病原菌的游走和生长;一部分IgY在肠道消化酶作用下降解为可结合片段,被肠道吸收后进入血液并与特定病原菌黏附因子结合,使病原菌不能黏附易感细胞而失去致病性。

研究发现,在10日龄断奶仔猪饲料中用延胡索酸或卵黄抗体替代抗生素(卡巴多),不会显著影响仔猪生产性能、血浆尿素氮、腹泻评分和小肠形态等指标。虽然卵黄抗体在替代抗生素后不影响断奶仔猪生产性能,但抗生素组断奶仔猪的粪便中所含有的沙门杆菌少于卵黄抗体组,这说明卵黄抗体的功能还难以全面替代抗生素。随着人们对卵黄抗体认识和研究的不断深入、生产成本的降低及生产质量标准化的实施,卵黄抗体有着广阔的应用前景。

在无抗日粮的生产中,某种或某些饲料添加剂的添加只能在一定程度上缓解或部分替代抗生素。因此,有必要评估各种抗生素替代产品的效果及抗生素替代产品间的相互作用,以研发安全且高效的无抗饲料。

第四章　饲料霉菌及其毒素控制技术

▶ 第一节　饲料霉菌及其毒素概况

霉菌通常是指自然界中存在的一些丝状真菌,如曲美菌属、镰刀菌属、麦角菌属、链格孢属、毛霉菌属、根霉菌属、青霉菌属等属的真菌。霉菌种类繁多,目前已发现400多种含有各种毒性作用的霉菌广泛存在于食品、饲料中。霉菌毒素就是这些霉菌在一些基质上生长繁殖过程中产生的有毒次级代谢产物,通常是低分子物质,含有特殊的功能基团,具有不同的理化特性;没有抗性,一般都属于热稳定物质,不因加热而破坏。饲料中常见的霉菌毒素有黄曲霉毒素、赭曲霉毒素、烟曲霉毒素、玉米赤霉烯酮、T-2毒素、串珠镰刀菌素、呕吐毒素等。这些毒素常见于玉米、大麦、小麦、稻谷和大豆等农作物中。虽然研究人员对霉菌及其毒素已经进行了广泛而深入的研究,一些理论、方法、技术、产品也比较成熟,但在生产上还未引起足够的重视,防霉意识不强,对霉菌毒素认识不足或知其有危害但存在侥幸心理,因而防"霉"措施不到位。因霉菌毒素污染而造成的损失已成为饲料损失中最大的一部分。世界上每年大约有25%的农作物遭受各种霉菌污染,从而造成饲料、粮食及食品损失高达数十亿美元,我国每年有近30%的大宗饲料原料霉菌毒素含量超标,造成的经济损失达20亿元。因此,饲料霉变问题是当前饲料业、养殖业所面临的一

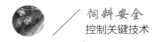

种重大安全隐患,需要从饲料工业、养殖业的健康发展、食品安全、人类健康的高度来加以认识,高度重视,认真防范,最大可能地降低霉菌毒素的危害,最大限度地减少经济损失。

一 霉菌的产生

霉菌广泛存在于自然界中,其对生存条件要求不高,只要有适宜的生长基质、温度、湿度、水分、氧气、pH等6个基本条件就可以产生霉菌及其毒素。大部分霉菌属中温型微生物(嗜酸菌),环境温度在20℃~28℃、相对湿度在80%~85%、水分在13%~14%时就比较适合霉菌生长。不同的霉菌其生长的条件有所差异,如黄曲霉菌最低的繁殖温度为6℃~8℃,最高为44℃~46℃,最适温度为37℃,最适合水分为10%~13%,最佳相对湿度为70%~89%。青霉菌、杂色霉菌的最低生长水分为16%,黑曲霉菌、白曲霉菌最低生长水分为15%。大部分霉菌繁殖需要氧气。霉菌适宜在酸性环境中生存,最适宜的pH为3.0~6.0。霉菌可以通过种子或孢子两种形式繁衍后代,在条件较好时主要以种子形式繁衍,在条件不适宜时往往由孢子形式繁衍。霉菌孢子普遍存在于土壤和一些腐烂植物中,土壤中的水分、空气、杂草、鸟类及害虫等都可以作为霉菌传播物。

饲料原料作物在田间受到病虫害侵袭容易受到霉菌的污染;收获时不能迅速干燥或收获不当造成的破损也易诱导霉菌生长;淀粉含量高的谷物类饲料比其他饲料更易发霉;粉碎的谷物要比完整的谷物更易产生霉菌;饲料在制粒过程中水分一般要增加3%~5%,因而也促进了霉菌的生长;饲料新鲜度越低,贮存时间越长,霉菌生长的可能性就越大,其含量也就越高;饲料包装方式或包装过程不当,可通过影响饲料水分活度和氧气浓度来影响饲料的霉变;饲料贮存的器具、仓库等不干净,通风不良,也可促进霉菌生长;防霉剂选择不当或用量不够,也会造成饲料的霉变。

二 常见饲料谷物中霉菌毒素种类

在目前人类发现的自然界中存在的400多种霉菌毒素中,常见的有以下几个大类:黄曲霉毒素、赭曲霉毒素、镰刀菌毒素、烟曲霉毒素、麦角毒素及链格孢毒素。主要的霉菌毒素在主要的饲用谷物中分布见表4-1。

表4-1 霉菌毒素在主要饲用谷物中的分布

霉菌毒素	主要的饲用谷物
黄曲霉毒素	高粱、大豆、玉米、小麦、大麦
赭曲霉毒素	大麦、燕麦、小麦、黑麦
镰刀菌毒素	大麦、燕麦、高粱、大豆、玉米、小麦
烟曲霉毒素	玉米、大豆、高粱
麦角毒素	黑麦、小麦、高粱
链格孢毒素	高粱、玉米、小麦

(一)黄曲霉毒素

黄曲霉毒素是一类化学结构类似的二氢呋喃香豆素衍生物,主要由黄曲霉或寄生曲霉通过多聚乙酰途径产生。该类真菌可以在土壤、腐烂植被、干草、谷物等多种基质中生长繁殖,尤其喜欢感染油脂含量较高的农作物,如玉米、花生、棉籽、稻谷、小麦等粮油产品。目前已分离出来的黄曲霉毒素至少有14种,较为常见的有黄曲霉毒素B1(AFB1)、黄曲霉毒素B2(AFB2)、黄曲霉毒素G1(AFG1)、黄曲霉毒素G2(AFG2)四种,如图4-1所示。该类毒素毒性极大,化学结构稳定,是目前已知的最强致癌物之一,自1993年起便被世界卫生组织国际癌症研究机构列为一类致癌物。AFB1是该类毒素中毒性最大(砒霜的68倍,氰化钾的10倍)、致癌

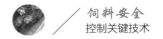

性最强(诱发肝癌的能力比二甲基亚硝胺高75倍)的一种,已在多个国家和地区引起不同程度的中毒事件,危害作用明显。

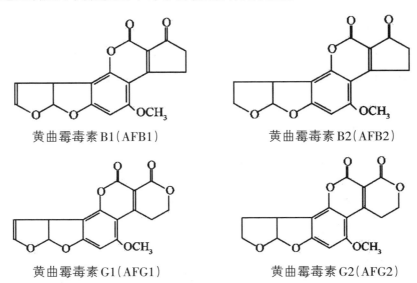

黄曲霉毒素B1(AFB1)   黄曲霉毒素B2(AFB2)

黄曲霉毒素G1(AFG1)   黄曲霉毒素G2(AFG2)

图4-1　常见黄曲霉毒素分子结构式

(二)赭曲霉毒素

赭曲霉毒素主要是一些曲霉属和青霉属真菌的代谢产物,是紧接黄曲霉毒素后又一种受到人们广泛关注的霉菌毒素。该组毒素主要包括7种结构类似的化合物,通常被划为A、B、C三种类型,分子式如图4-2所示。其中A类毒素毒性最大,污染最广,广泛存在于多种粮食、咖啡干果、红酒和畜产品中。赭曲霉毒素A(OTA)是由二氢异香豆素以酰胺键结合1个苯丙氨酸形成的苯丙氨酰衍生物,主要由纯绿青霉和赫曲霉等真菌产生。OTA被国际癌症研究机构列为2B类致癌物,同时也是一种肾毒素,主要靶器官是肾脏。OTA主要引起肾脏损伤,大量摄入也会导致肠黏膜炎症及坏死。

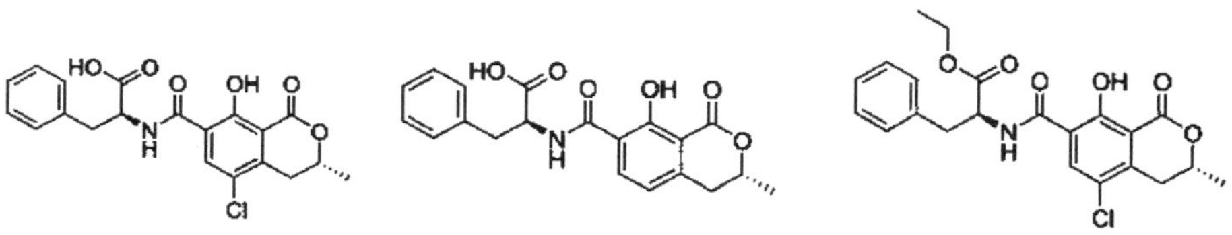

赫曲霉毒素 A（OTA）   赫曲霉毒素 B（OTB）   赫曲霉毒素 C（OTC）

图 4-2　常见赭曲霉毒素分子结构式

（三）镰刀菌毒素

镰刀菌毒素是由镰刀菌属产生的多种毒素的总称。该类毒素常见的类型主要包括伏马毒素、玉米赤霉烯酮和单端孢霉烯族毒素。伏马毒素主要由串珠镰刀菌和层出镰刀菌产生。常见的伏马毒素有 12 种，可分为多个类别，其中 B 类是最常见的一类，主要包含伏马毒素 B1（FB1）及伏马毒素 B2（FB2），如图 4-3 所示。FB1 被国际癌症研究机构列为 2B 类致癌物，主要靶器官为肝脏和肾脏。FB1 除致癌性外，还具有细胞毒性、神经毒性、肝毒性、免疫毒性等多种毒性作用。

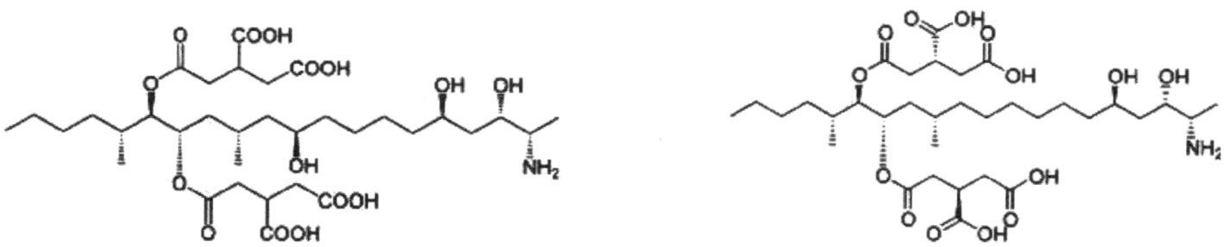

伏马毒素 B1（FB1）   伏马毒素 B2（FB2）

图 4-3　常见伏马毒素分子结构式

玉米赤霉烯酮（ZEN）主要由禾谷镰刀菌、轮生镰孢菌、黄色镰孢菌和木贼镰孢菌等镰孢菌产生。ZEN 具有较强的雌激素效应和合成代谢活性，还具有遗传毒性、肝毒性、免疫毒性，主要靶器官为生殖系统，可扰乱人和动物的性腺及内分泌系统，摄入 ZEN 后可导致雌激素亢奋、神经系统亢奋、流产、死胎、畸形胎等中毒症状。ZEN 的常见衍生物有 α-玉米赤霉烯醇、β-玉米赤霉烯醇、α-玉米赤霉醇、β-玉米赤霉醇和玉米赤霉酮，

如图4-4所示。

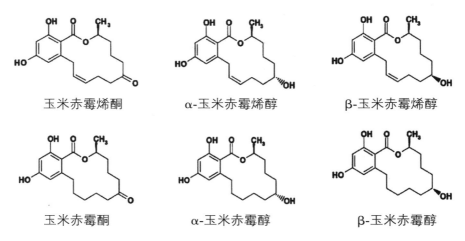

玉米赤霉烯酮	α-玉米赤霉烯醇	β-玉米赤霉烯醇

玉米赤霉酮　　　　　α-玉米赤霉醇　　　　　β-玉米赤霉醇

图4-4　玉米赤霉烯酮及其衍生物分子结构式

单端孢霉烯族毒素是一类化学结构和生物活性类似的有毒代谢产物,其基本的化学结构是倍半萜烯。该类毒素分子量较低,不易挥发,非常稳定,通过常规的高温高压处理无法使之降解。基于其所含有的特征官能团,通常可以将它们分为A、B、C、D四个类型,四种类型代表毒素如图4-5所示,其中A型和B型较为常见。A型主要包括T-2毒素、HT-2毒素和蛇形毒素,B型常见的有雪腐镰刀菌烯醇、脱氧雪腐镰刀菌烯醇(DON)及其衍生物等。通常认为T-2是A型单端孢霉烯族毒素中毒性最强的,可作用于氧化磷酸化的多个部位引起线粒体呼吸抑制和机体免疫抑制,还具有细胞毒性等其他毒性作用。猪、羊、牛、家禽均易受到T-2的危害,且猪最为敏感。

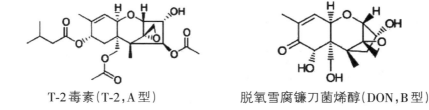

T-2毒素(T-2,A型)　　　　　脱氧雪腐镰刀菌烯醇(DON,B型)

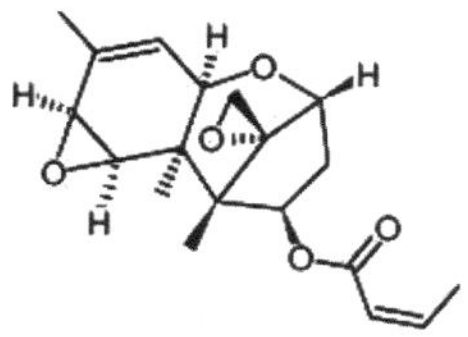

扁虫菌素（Crotocin，C型） 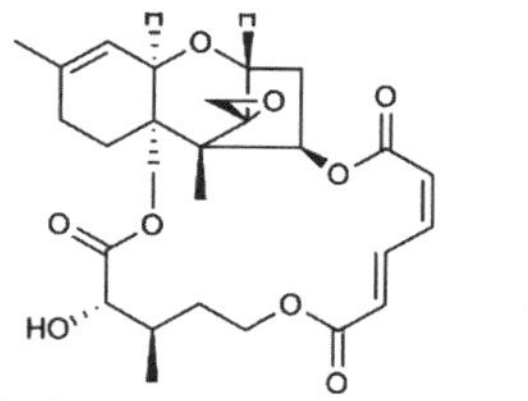   疣疱菌素A（Verrucarin A.D型）

图4-5 常见单端孢霉烯族毒素分子结构式

（四）烟曲霉毒素

烟曲霉毒素主要是由串珠镰刀菌的产毒株产生的有毒次级代谢产物。目前已知有6种烟曲霉毒素，但是毒性最强且在谷物中尤其是玉米和玉米副产品中最常见的是烟曲霉毒素B和烟曲霉毒素C，如图4-6所示。它们在一定的暴露时间和pH条件下，能耐受高达150℃的高温。烟曲霉毒素能改变鞘磷脂的生物合成，并能诱发产生肝毒性，提高所有被研究动物的血清胆固醇浓度。它的其他有害影响具有种属性、特异性，包括引发猪的肺水肿和心血管变化。

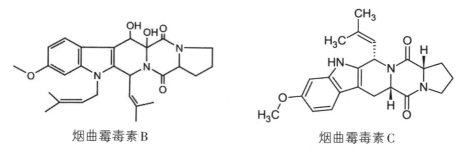

烟曲霉毒素B   烟曲霉毒素C

图4-6 常见烟曲霉毒素分子结构式

（五）麦角毒素

麦角是农作物或牧草在开花期被麦角菌感染后形成的黑色菌核。麦角菌的孢子通常在植物开花时进入子房与柱头接触（感染过程类似于植物花粉在繁殖期进入子房），然后通过菌丝体增殖损坏植物子房并与原本用于为种子提供营养的维管束结合，最终在花内形成干硬的菌核。

麦角内通常含有高浓度的麦角毒素,主要是麦角环肽、麦角克碱、麦角胺、麦角生碱、麦角新碱、麦角柯宁碱及它们的差向异构体。麦角毒素也叫麦角碱,因它们能使子宫强烈收缩,促进分娩,在我国长期作为药用。在世界范围内,欧洲和北美的多个国家和地区都在饲料和农产品中检测到了麦角毒素,包括加拿大在内的多个国家都对麦角毒素的污染情况进行了长期检测。但麦角毒素在我国饲料中的污染情况并不明确。麦角毒素分子结构如图4-7所示。

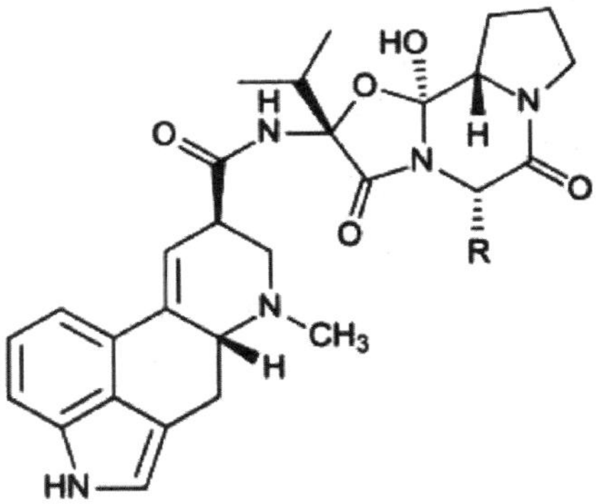

麦角毒素

图4-7　麦角毒素分子结构式

(六)链格孢毒素

链格孢霉菌在自然界分布很广,其孢子能够污染多种植物、农产品,甚至在土壤和大气中也能检测到。链格孢霉菌能够产生多种有毒代谢物,较为常见的主要有6种,分别是细交链孢菌酮酸、细格菌毒素、AAL毒素、交链格孢霉烯、链格孢酚甲基乙醚和链格孢酚。目前国内关于链格孢毒素的研究还比较少,其在农副产品中的污染情况尚不明确。国际上关于链格孢毒素的毒理研究也很有限。链格孢毒素分子结构式如图4-8所示。

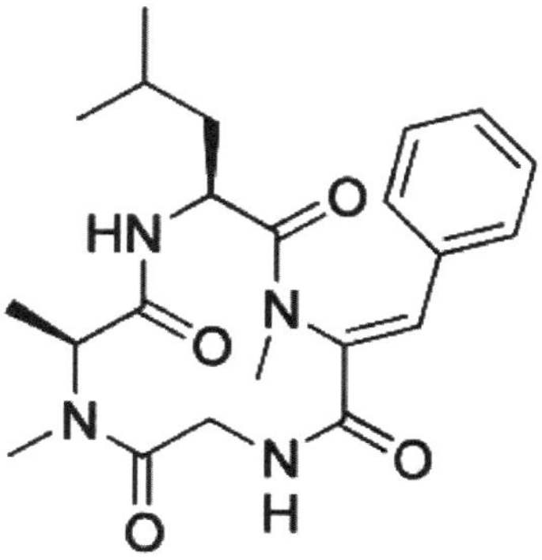

链格孢毒素

图4-8 链格孢毒素分子结构式

三 常见霉菌毒素的危害作用

目前,在畜禽养殖过程中,霉菌毒素的影响较为普遍,因此受到广泛关注。通常情况下,同一种毒素可由几种不同的霉菌产生,一种霉菌也可以产生几种不同的霉菌毒素,故饲料中的霉菌毒素并不是单独存在的,可能以一种或数种毒素为主。当饲料中存在不同毒素时,霉菌毒素的毒性具有累加效应,然而并非是相加或相乘关系。霉菌毒素的毒性变化很大,这取决于毒素的种类、数量、摄入量、持续摄入的时间,动物的种类、年龄、性别、生理状态,饲料营养水平,环境因素(包括环境卫生、空气质量、温度、湿度、饲料密度)等。畜禽摄入受霉菌毒素污染的饲料后,一方面,会降低畜禽的生产、繁殖性能及经济效益;另一方面,霉菌毒素会残留在动物体内或代谢物中,造成动物性食品污染,通过食物链对人类健康产生极大的潜在危害。

(一)霉菌毒素对饲料的危害

(1)影响适口性。饲料霉变后会使饲料的感观性质恶化,通常散发出一种特殊的"霉臭"。组成饲料的各种有机成分在霉菌的分解作用下,

会生成许多有特殊刺激嗅觉和味觉的物质。在霉变严重的饲料中,蛋白质会被分解产生氨、氨化物、硫化物;而有机碳化合物则会被分解产生各种有机碳、醛类、酮类等。这些物质均具有强烈的刺激性,从而极大影响饲料的适口性,也会出现畜禽拒食霉变严重的饲料的现象。

(2)降低饲料营养价值。饲料霉变后,霉菌在饲料中大量繁殖,其生长繁殖会消耗饲料中的很多营养物质,同时霉菌分泌的酶也会分解饲料,进而导致饲料营养价值严重降低。发霉的玉米、高粱在贮存过程中脂肪含量明显下降,饲料代谢能损失将近25%。饲料蛋白质品质降低,特别是赖氨酸和精氨酸的含量明显下降,维生素 A、维生素 D、维生素 E、维生素 B_1、维生素 B_2、维生素 B_6、维生素 B_{12} 及泛酸、烟酸等含量也随霉菌的大量繁殖而降低。研究表明,凡是已发霉的饲料其营养价值至少要损失10%,霉菌生长十分明显的损失会更多,霉变特别严重时其营养价值可能为零。

(3)影响饲料储运与使用。发霉通常也会改变饲料的物理性质,造成饲料黏合结块,降低了饲料的疏松性和流动性,这样在大批量饲料的装卸运输系统中,饲料就无法顺利流动。仓库中的饲料还会出现桥接现象,难以搬运。

(二)霉菌毒素对畜禽的危害

在日常畜禽养殖过程中,畜禽接触到饲料中的霉菌毒素会对其生产性能和健康产生明显不良影响。畜禽在采食了被中高浓度霉菌毒素污染的饲料后,常常会发生急性中毒反应和病理症状。低浓度霉菌毒素在饲料中更为常见,畜禽长期采食这种饲料,往往会导致生产性能降低、慢性中毒(生殖毒性)或因霉菌毒素的免疫抑制作用造成对细菌感染的抵抗力降低,最终造成一系列经济损失。

(1)霉菌毒素对猪的危害。猪被认为最易受到霉菌毒素危害,这主要是由于猪需要消耗大量的谷物饲料,而谷物饲料往往易被霉菌毒素污染,并且猪还是单胃动物,这可以导致其在摄入霉菌毒素污染的饲料后,小肠损伤十分明显。

大麦、小麦和玉米是猪日粮的常见组分,而这些谷物最易受到镰刀菌属侵染,从而造成高浓度的脱氧雪腐镰刀菌烯醇(DON)污染。当饲料中DON污染达到一定水平(12~20 mg/kg)则会导致猪拒食和呕吐。当猪采食被低浓度DON污染的日粮(0.6~2 mg/kg)后能够导致猪采食量和体增重下降,采食被稍高浓度的DON(3~6 mg)污染的饲料可见小肠上皮损伤。此外,DON也可造成仔猪肝肾损伤,引起机体炎症反应等。ZEN对猪具有雌激素效应,青年母猪对ZEN尤其敏感。猪采食高浓度ZEN污染的玉米常常会导致中毒。性成熟动物的ZEN中毒表现为卵巢萎缩、发情延长、持久黄体、假孕、生殖力降低、死胎、着床失败、生弱仔等。

猪接触伏马毒素主要是食用了受污染的玉米、玉米芯或玉米加工筛选物。FB1对猪的毒性主要表现为肺、心血管和肝脏病变。猪采食受FB1污染的饲料后可导致致死性肺水肿和胸膜水肿,也可导致淋巴管、胸膜下和小叶间的结缔组织增生等。猪在采食受OTA污染的日粮后会导致肾脏损伤,细胞质磷酸烯醇式丙酮酸羧激酶和γ-谷氨酰转肽酶活性降低。黄曲霉毒素对猪的毒性效应主要为诱发肝损伤、黄疸、身体多处严重出血、共济失调、生长缓慢和免疫抑制。此外,猪采食含黄曲霉毒素污染的饲料后也会导致体增重降低。

(2)霉菌毒素对家禽的危害。家禽主要通过谷物和油籽副产品接触霉菌毒素,且对各种霉菌毒素的敏感性差异很大。几种霉菌毒素对家禽的毒性效应主要有以下几个方面。

肉鸡对日粮中的AFB1毒性效应比较敏感。给鸡饲喂含有超过1 mg/kg AFB1的日粮后可导致其生长率和饲料转化率下降,肝、脾和胰脏

增大,法氏囊退化,还可以引起肉鸡发生脂肪肝和低血钙贫血症。肉鸡、蛋鸡及其他家禽接触 OTA 主要是食用了添加到饲料中的霉变谷物和谷物副产品。鸡采食含有 OTA 污染的饲料后会引起肾损伤,肾脏明显肿大和苍白。此外,OTA 还会破坏凝血功能,导致凝血时间延长。OTA 对免疫系统也有许多负面影响,比如可导致肉鸡法氏囊、脾脏和胸腺等淋巴器官萎缩,其他中毒反应还有肉鸡骨强度下降、骨骼变形、类胡萝卜素吸收率低、贫血、胸肌糖原蓄积、肠破裂增加等。蛋鸡采食≥0.5 mg/kg OTA 污染的日粮后可以导致产蛋率和采食量明显下降。

家禽饲料中最常见的单端孢霉烯族毒素来源于小麦和玉米中的 DON。然而,与其他同类毒素相比,家禽发生 DON 急性或慢性中毒的症状相对较少。有研究表明,给肉鸡饲喂含 0.02 ~ 4.8 mg/kg DON 污染的小麦,没有发现毒性反应。给蛋鸡饲喂 0.7 ~ 8.3 mg/kg DON 自然污染的小麦日粮后,没发现 DON 对蛋鸡、蛋重、蛋壳密度、增殖和采食量有影响。很多实际生产中的病例表明,饲喂受镰刀菌污染的谷物或受 DON 和 ZEN 同时污染的高粱会导致蛋鸡产蛋率下降。家禽对 T-2 毒素和 HT-2 毒素的毒性反应非常强烈。家禽接触 T-2 毒素和 HT-2 毒素一般是食用了饲料中的燕麦、大麦或玉米。鸡在采食含有超过 2 mg/kg T-2 毒素污染的饲料后开始出现生长停滞症状;在采食受高浓度 T-2 毒素(≥4 mg/kg)污染的饲料后可以造成肌胃坏死性损伤、羽毛凌乱、翅膀定位异常和翻正反射丧失的神经失调症状。此外,T-2 毒素也会引起淋巴器官、滑囊、胸腺、脾脏低调淋巴细胞减少等。T-2 毒素对蛋鸡的影响主要表现在导致产蛋率下降、蛋壳厚度变薄和采食量下降。玉米烯酮(ZEA)对猪具有强烈的雌激素作用,但是很少对家禽产生急性、亚急性或慢性毒性作用。现有研究发现,给雌性肉仔鸡饲喂高浓度 ZEA(≥300 mg/kg)污染的日粮,可导致其生长率加快,特别是鸡冠、卵巢和卵巢囊生长速度加快。饲喂更高浓度ZEA污染的日粮,雌性肉鸡还可见输卵管充满囊肿液。给雄性肉鸡饲喂高浓度ZEA污染的日粮,可导致鸡冠生长速度下降。

1日龄肉仔鸡在连续采食含有FB1的饲料后,其体重和日增重下降明显,但肝脏、腺胃和肌胃质量增加。研究发现,北京鸭和绿头鸭对FB1的敏感性较肉鸡更低。

(3)霉菌毒素对反刍动物的危害。反刍动物日常所采食的谷物、浓缩饲料和青贮饲料也会受到各种霉菌毒素的污染,但通常认为反刍动物对很多霉菌毒素的中毒反应敏感性偏低。这可能是基于瘤胃微生物对大部分霉菌毒素具有降解和灭活作用。然而,当饲料中霉菌毒素浓度高、含有不可降解的霉菌毒素、瘤胃失调时,霉菌毒素也会对反刍动物造成不良影响。

反刍动物采食的饲料如花生粕、棉粕、椰子粕、玉米、玉米蛋白粉、大米和木薯中易出现黄曲霉毒素。因此,有时反刍动物可能会摄入高含量的黄曲霉毒素。反刍动物摄入相对高剂量的黄曲霉毒素会产生直接毒性反应。牛摄入高剂量黄曲霉毒素(>5 mg/天)后会导致整体健康状况下降、产奶量减少、采食量降低,更严重时还会出现肝脏损伤和脂肪肝。高产奶牛对黄曲霉毒素的敏感性高于育肥牛。

一些霉菌毒素如OTA、ZEN、DON和其他单端孢霉烯族毒素能够在反刍动物瘤胃中降解并且大多会失去毒性。但是,这些毒素同样可以对尚未建立起瘤胃微生物系统的幼年反刍动物造成毒性反应。此外,也会对因特殊的饲喂方式和较差的卫生条件导致瘤胃菌群和瘤胃功能失调的成年反刍动物造成危害。反刍动物瘤胃功能受损会导致其对霉菌毒素降解能力下降和瘤胃及小肠中霉菌毒素吸收增加。高蛋白含量的谷物日粮将导致瘤胃pH降低,低pH又会导致瘤胃内原虫数量的减少,而原虫是瘤胃降解OTA的主要微生物。虽然OTA不会对反刍动物造成直

接的不良反应,但是OTA会在奶和屠体内脏中残留。

麦角毒素对反刍动物的影响也较为明显,这是因为反刍动物瘤胃微生物不具有灭活麦角毒素的能力,因此,反刍动物对麦角碱类毒素比较敏感。麦角毒素常存在于牧草或干草中,牛采食麦角毒素超过10 g/kg往往会出现跛脚和坏疽等症状。此外,麦角毒素也会引起牛出现厌食、呼吸急促、四肢冰凉、流涎及舌头坏疽等症状。在反刍动物主要的饲料原料玉米、青贮玉米和玉米筛渣中伏马毒素也较为常见。研究显示,伏马毒素对反刍动物具有肝毒性,能导致其采食量和产奶量下降。

(4)霉菌毒素对马的危害。关于霉菌毒素对马的影响相关研究较少。目前已知的有伏马毒素对马的影响较为明显,马常采食的玉米和玉米筛渣中常含有此毒素。伏马毒素可导致马脑白质软化症,特征是致命的大脑坏死性损伤,表现为马经常原地打转。伏马毒素还能诱导马出现心血管病症,如心率减慢、心输出量降低、右心室收缩,此外也可能会出现肝肾损伤的风险。马采食的燕麦、大麦和玉米中也常含有高浓度的单端孢霉烯族毒素(如DON、T-2、HT-2毒素),而目前研究表明马对这些毒素有较强的耐受性,没有表现出明显的不良反应,可能是这类毒素在马的肠道中被降解为无毒的去环氧化单端孢霉烯族毒素。

黄曲霉毒素对马匹的影响较为明显,可以诱导马匹出现中枢神经抑制、厌食、体重下降、黄疸和皮下出血;同时导致脂肪肝、肾肿大、心外膜瘀血和出血性肠炎。流涎胺是一种常存在于干草、青贮饲料或其他反刍动物饲料中的毒素,马匹在采食这种饲料后会出现流涎现象,所以称为流涎症。因该毒素中毒的马临床症状包括过量流涎、厌食、腹泻、多尿、肿胀、僵硬,甚至死亡。

(5)霉菌毒素对水产动物的危害。霉菌毒素对水产动物的不良影响十分明显。当饲喂鱼和虾的饲料中谷物、玉米和油籽副产品比例增高时,其中的霉菌毒素污染可以导致养殖的鱼和虾死亡率升高以及生长性能下降。

黄曲霉毒素可以导致虹鳟鱼、鲑科鱼、罗非鱼等生长性能下降、贫血、肝脏和胃坏死。黄曲霉毒素也会对虾造成不良影响,可以诱导虾出现肝胰腺组织病理学病变。单端孢霉烯族类毒素(如DON)可以导致鱼类体增重降低,采食量和饲料转化率受到抑制;此外,DON也会导致虾类体重和生长率下降。T-2毒素也会导致鱼类生长速率下降,死亡率增加。

研究表明,伏马毒素可导致鲶鱼、罗非鱼和鲤鱼出现体增重下降、饲料转化率下降、肝脏出现组织病理学损伤。而虾对伏马毒素更加敏感,该毒素可以导致虾出现肝脏组织病理学损伤和酶活性改变。OTA对鱼毒性作用也较为明显,可以导致鲶鱼、虹鳟鱼等饲料转化率下降,肝肾组织病理学病变,白细胞数量、红细胞浓度和红细胞压积下降。

综上所述,霉菌毒素对畜禽、水产动物的危害作用十分明显。因此,许多国家都制定了食品和饲料中的霉菌毒素的限量标准,我国也对常见霉菌毒素在谷物和饲料中的水平上限进行了规定,如表4-2所示(GB 13078—2017)。

表4-2　我国饲料谷物及饲料中常见霉菌毒素水平限量标准

项目	产品名称		限量
黄曲霉毒素B1 μg/kg	饲料原料	玉米加工产品、花生饼(粕)	≤50
		植物油脂(玉米油、花生油除外)	≤10
		玉米油、花生油	≤20
		其他植物性饲料原料	≤30
黄曲霉毒素B1 μg/kg	饲料产品	仔猪、雏禽浓缩饲料	≤10
		肉用仔鸭后期、生长鸭、产蛋鸭浓缩饲料	≤15
		其他浓缩饲料	≤20

续表

项目	产品名称		限量
黄曲霉毒素 B1 μg/kg	饲料产品	犊牛、羔羊精料补充料	≤20
		泌乳期精料补充料	≤10
		其他精料补充料	≤30
		仔猪、雏禽配合饲料	≤10
		肉用仔鸭后期、生长鸭、产蛋鸭配合饲料	≤15
		其他配合饲料	≤20
赭曲霉毒素 A μg/kg	饲料原料	谷物及其加工产品	≤100
	饲料产品	配合饲料	≤100
玉米赤霉烯酮 mg/kg	饲料原料	玉米及其加工产品(玉米皮、喷浆玉米皮、玉米浆干粉除外)	≤0.5
		玉米皮、喷浆玉米皮、玉米浆干粉、玉米酒糟类产品	≤1.5
		其他植物性饲料原料	≤1
	饲料产品	犊牛、羔羊、泌乳期精料补充料	≤0.5
		仔猪配合饲料	≤0.15
		青年母猪配合饲料	≤0.1
		其他猪配合饲料	≤0.1
		其他配合饲料	≤0.5
脱氧雪腐镰刀菌烯醇(呕吐毒素) mg/kg	饲料原料	植物性饲料原料	≤5
	饲料产品	犊牛、羔羊、泌乳期精料补充料	≤1
		其他精料补充料	≤3
		猪配合饲料	≤1
		其他配合饲料	≤3
T-2毒素 mg/kg	植物性饲料原料		≤0.5
	猪、禽配合饲料		≤0.5

项目	产品名称		限量
伏马毒素（B1+B2）mg/kg	饲料原料	玉米及其加工产品、玉米酒糟类产品、玉米青贮饲料和玉米秸秆	≤60
	饲料产品	犊牛、羔羊精料补充料	≤20
		马、兔精料补充料	≤5
		其他反刍动物精料补充料	≤50
		猪浓缩饲料	≤5
		家禽浓缩饲料	≤20
		猪、兔、马配合饲料	≤5
		家禽配合饲料	≤20
		鱼配合饲料	≤10

▶ 第二节 饲料霉菌及其毒素的预防控制

由于霉菌毒素每年对畜禽养殖造成的经济损失十分巨大，采取预防措施、脱毒和解毒对动物健康及生产则具有重要意义和必要性。

一 饲料霉菌及其毒素的预防措施

由于霉菌在农作物生长、收获期间、加工贮存等各个过程中都能够生存、繁殖并产生毒素，因此要树立"预防为主，防重于治"的强烈意识，在饲料的产前、产中、产后的整个过程中，针对霉菌产生所需的基质、温度、湿度、水分、氧气、pH等6个基本条件，采取有力措施，防止霉菌及其毒素的产生。因为饲料一旦发生霉变，即使不造成危害，也必然会造成经济损失。

（一）预防霉菌对作物的污染

抑制饲料中霉菌毒素污染最有效的方法是阻止饲用作物中霉菌的生长。许多农业操作可以影响农作物污染程度，但无法完全防止霉菌毒素污染。因此，预防霉菌感染最常见的方法是用杀菌剂处理作物。此外，可以推广、培育能抗霉菌的饲料作物品种，这是防止饲料霉变的根本途径。不同的作物品种对霉菌的敏感程度不同，培育抗霉菌的饲料作物品种，可使饲料作物受霉菌侵染的概率大幅下降。生物基因工程的发展，使培育抗性品种成为可能。也可以通过作物轮作、耕作、土壤肥料、种植日期、化学和生物、真菌感染的控制、昆虫和杂草控制、有机农业和在现场霉菌毒素风险建模等方案，来减少收获前防治植物真菌侵染和相关霉菌毒素污染。作物轮作对于防止作物之间的相互传染是非常重要的。

（二）控制作物在收获前后时间内的污染

需要做好饲用作物在收获、加工、贮存过程中的基本卫生工作，控制好温度、湿度、水分、氧气、通风等条件。作物在收获后干燥要迅速、充分、均匀；要防止作物的机械性损伤或被昆虫破坏；贮存设备要清洁、消毒、结构要完整；选用适当的贮存方法和包装袋的材料；定期监控霉菌及其毒素的状态；缩短饲料贮存时间，最好不要超过45天。

（三）在饲用作物和饲料未被霉菌污染之前使用防霉剂

在饲用作物和饲料未被霉菌污染之前使用防霉剂是预防霉变的又一个重要措施。目前使用的防霉剂主要包括有机酸类，如丙酸、脱氧乙酸等；有机酸盐类，如丙酸盐、双乙酸钠等；复合有机酸及盐类；有机酸酯类，如富马酸酯类、对羟基苯甲酸酯类等。另外，一些天然矿物质如皂土、麦饭石等，一些中草药如黄芩、苦参、藿香等，也具有较好的抑菌防霉作用。扩散型防霉剂要求包装袋质量更好，不透气。需制粒的饲料不宜采用扩散型防霉剂,因加热导致其损失较大,最好采用接触型防霉剂或复合型防霉剂。高温高湿季节防霉剂的使用量更大,需贮存较长时间或需制粒的饲料要多添加防霉剂。复合防霉剂抗菌谱广、应用范围广、防霉效果好、用量少、使用方便,因而是饲料中常用的防霉剂种类。防霉剂不是万能的,它不能完全保证饲料不发生霉变,只是在一定的条件下适当延长了饲料霉变发生的时间。因此,要尽量缩短饲料贮存时间,最好在饲料霉变之前使用掉。

二 饲料霉菌及其毒素的脱毒方法

饲料中一旦长了霉菌,就有可能产生毒素进而大概率会导致畜禽的中毒反应。此时添加防霉剂已基本无效,而使用吸附和解毒的药物作为添加剂是应对这种情况更为有效的一种方法。

(一)物理脱毒法

在常用的物理脱毒法中,吸附法是目前应用较广、较为成熟、经济可行的一种方法。物理脱毒法主要是在霉变饲料中添加可以吸附霉菌毒素的物质,使毒素经过动物胃肠道时不被吸收而排出体外。黏土和沸石等材料是目前常用的无机的霉菌毒素吸附剂,这些物质基本都具有片状结构,有较大的比表面积,缺乏负电荷,与阳离子化合物有结合的潜能,对霉菌毒素有一定的选择吸附能力。水合硅酸钠钙是一种来自天然沸石化合物的吸附剂,它能抑制黄曲霉毒素、T-2毒素、ZEN等对动物的影响。补充天然沸石、斜发沸石2.5 mg/kg可以减轻黄曲霉毒素饲料对鸡的肝脏和肾脏引起病变的严重程度。在肉鸡日粮中添加5%的硅酸盐可以预防AFB1的不良影响,缓解AFB1引起的肉鸡生产性能下降。黏土(蒙脱石)和沸石能够吸附包含常见官能团的霉菌毒素,而对少量官能团的霉菌毒素吸附效果较差,如镰刀菌毒素。极性官能团需要在亲水性负电

荷的矿物表面发生有效的化学吸附。改变黏土矿物吸附剂表面特性和控制疏水性能可以增加其结合非极性霉菌毒素（如镰刀菌毒素）的能力。据报道,改性沸石可以结合 AFB1、OTA 和 ZEN,减轻这些霉菌毒素造成的不良影响。此外,硅藻土是自然界中从硅藻微观遗骸中产生的矿物沉积物,将其按 1 mg/kg 的量加入饲料中,可以有效预防肉鸡中由 AFB1 带来的不良影响。

常见的有机霉菌毒素吸附剂有活性炭。活性炭是通过高温热解有机材料获得的产品,它是一种内部空隙结构发达且比表面积大的不溶性粉末。活性炭的吸附性能取决于生产活性炭的材料。影响活性炭吸附性能的其他重要因素为活性炭表面孔径大小、分布及表面积等。活性炭对预防黄曲霉毒素污染具有良好的应用前景,而对预防 OTA 毒素污染效果一般。此外,有机吸附剂（如富含木质素的苜蓿纤维）对改善 T-2 毒素和 ZEN 毒素的毒性有效果。在受 OTA 污染的饲料中加入 1% 的微粉碎纤维能显著预防 OTA 对仔猪肝脏和肾脏带来的不利影响。来源于酵母细胞壁的一种高分子葡甘露聚糖聚合物也是一种霉菌毒素吸附剂（GMA）,它是一类新型抗原活性物质,具有多孔特点,其表面积较大,在不同的 pH 范围内稳定性高,有利于其快速高效地吸附霉菌毒素。有报道称,添加 0.2% GMA 到霉菌毒素污染的谷物（包含 9.7 mg/kg、21.6 mg/kg 镰刀菌酸和 0.8 mg/kg ZEN）中,能预防镰刀霉菌毒素诱发的肉鸡红细胞数量、血红蛋白及血清尿酸浓度的提高。其他相关研究也表明,GMA 可以有效吸附猪、奶牛及马匹等畜禽饲料中的不同类型霉菌毒素,而且添加量低,因而它是一种应用比较广泛的霉菌毒素解毒剂。

（二）化学脱毒法

化学脱毒法是利用碱或者氧化剂对霉菌毒素进行脱毒处理,主要化学原理是霉菌毒素遇碱会分解而失活。比如氨化法就是将被污染的玉米中的水分含量提高到18%,置于25℃或以上环境中,用氨蒸汽处理14天,然后再将玉米干燥到含水率10%;或者将含霉饲料摊在一张厚厚的聚乙烯薄膜上,用1.5%的氨水雾化后慢慢喷洒均匀。使用0.9%的石灰水浸泡霉变玉米8小时,去毒率为97%~99%。用水和异丙醇浸泡霉变饲料,也可以把大部分黄曲霉毒素萃取出来。而氧化剂是利用其氧化特性能对霉菌毒素产生破坏作用,如过氧化氢可以破坏所有的黄曲霉毒素。

(三)微生物解毒法

预防霉菌毒素的另一种方法就是通过酶改性获得能降解霉菌毒素的微生物。其降解霉菌毒素的机制通常是专一的,不可逆且过程环保。据报道,添加益生菌到被DON污染的饲料中可以缓解DON对肠道葡萄糖运输造成的不良影响。益生菌可以将DON转换成低毒的Deepoxy DON,进而恢复受损的营养运输功能。补充益生元菊粉也能促进肉鸡空肠和结肠内葡萄糖的吸收,减少DON对肠道的毒性作用。这种益生作用主要是肠道内特定菌株(如双歧杆菌和乳酸杆菌)可以代谢益生元,产生短链脂肪酸(SCFA),而SCFA可以增加血清葡萄糖转运蛋白,从而缓解由DON造成的肠道损伤。食用酶(如PVPP)是一种交联聚乙烯基吡咯烷酮,其基本结构中含有环氧酶和内酯酶,能预防肉鸡由于摄入含有2.5 mg/kg AFB1的饲料而造成的T淋巴细胞数降低。然而这种食用酶对镰刀菌毒素(DON和ZEN)的毒害作用影响较小,几乎无保护作用。目前也有一些商家推出益生菌胶囊产品,该产品对霉菌毒素也有一定的解毒作用。

(四)营养补充解毒法

若畜禽所采食的饲料中营养成分缺乏,也可能会增强其对食源性霉菌毒素的毒性作用的敏感性。因而,除使用霉菌毒素吸附剂和微生物产品等较为实际的脱毒解毒方法外,另一种较为有效的解毒方法就是使用

营养补充剂。首先是可以在饲料中补充蛋白质或氨基酸,如蛋氨酸、γ-氨基酪酸、琥珀酸等可以增强畜禽肝脏对霉菌毒素的解毒能力,减轻其危害。如在饲料中补充甲硫氨酸和半胱氨酸可以降低采食含400 μg/kg黄曲霉毒素的日粮的小鼠肝脏病变率;在肉鸡日粮中增加30%~40%的蛋氨酸,可以减轻毒素对肉鸡生长的抑制作用;将仔猪采食的日粮蛋白质水平从18%提高到20%,则可以减轻由AFB1造成的生长抑制作用。其次,可以补充维生素来解毒,若饲粮中缺乏维生素,则毒素便会表现出极强的毒性,反之毒性便会减弱或失活。有报道称补充维生素E对摄入自然污染霉菌毒素玉米的小鼠具有保护作用,可以缓解氧化应激。在雏鸡日粮中补充维生素E,也可以减少赭曲霉毒素和T-2毒素导致的过氧化物的形成。此外,还可以在饲料中添加矿物质来解毒。比如硒对猪和家禽等具有抗黄曲霉毒素的作用,因为其可以提高谷胱甘肽过氧化酶的活性,进而减轻毒素的毒性作用。

综上,尽管列举的霉菌毒素脱毒、解毒方法很多,产品也很多,但目前从解毒效果来看,这些方法和产品都存在局限性,如脱毒不彻底,添加量较大,费用较高,破坏或吸附饲料营养,影响饲料适口性,脱毒剂排出体外可能造成环境污染等。故控制和降低霉菌毒素的危害最有效的途径在于预防,预防为主,防重于治。

第五章 饲料中持久性有机污染物及其控制技术

▶ 第一节 饲料中持久性有机污染物概况

一 饲料中持久性有机污染物概述

在饲料污染物中,农药残留是常见问题,而目前在用的有机磷农药,残留较低,在土壤环境中比较容易降解,在饲料生产中需要注意的是其大剂量的急性中毒危害。相比于有机磷农药而言,饲料中持久性有机污染物的危害更大。持久性有机污染物(POPs)指的是通过各种环境介质,能够长距离迁移并持久存在于环境中,具有很长的半衰期,在环境中难以正常生物降解、光解或化学分解的,能长期残留在环境中,具有半挥发性、高毒性和生物蓄积性,对人类健康及环境产生毒性影响,造成严重危害的一类有机化学物质。

二 持久性有机污染物的分类及危害

(一)持久性有机污染物的分类

2004年11月开始生效的《斯德哥尔摩公约》将持久性有机污染物主要分为三类:农药、工业化学品及非故意生产的副产物。

(1)农药。有机氯农药是用于防治植物病虫害的含有机氯元素的有

机化合物。农药在现代农业生产中有着保证农作物优质、高产等方面不
可替代的作用,但是农药的不科学和过度使用会造成农作物的农药残
留。常用的有机氯农药包括应用最广、使用最早的滴滴涕(DDT)、六六六
以及三氯杀螨砜、艾氏剂、三氯杀螨醇、氯丹、七氯、毒杀芬等杀虫及杀菌
剂。有机氯农药由于氯苯构架稳定,不容易被生物酶降解,所以在生物
体内消失缓慢;又由于其有很强的脂溶性,在被动物体吸收后会蓄积在
动物体的脂肪组织中难以降解,并最终通过食物链进入人体并蓄积在人
体的脂肪组织中,随着蓄积量的增加,加重人类中毒的风险。虽然现在
许多国家早已禁用有机氯农药,但是这些污染物质在环境中还可以存留
几十年甚至几百年。六六六、滴滴涕等同分异构体分子式如图5-1所示。

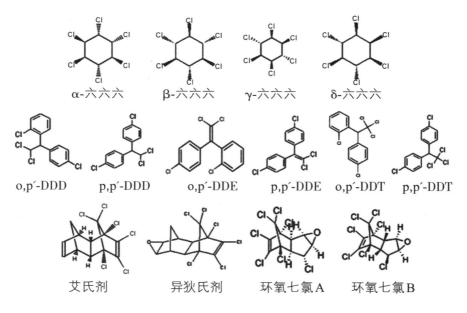

图5-1　六六六、滴滴涕等同分异构体分子式

(2)工业化学品。工业生产中产生的持久性有机污染物主要是多氯
联苯和六氯苯,它们是一组人工合成的、有多种异构体的有机物质。由
于其化学性质稳定并有介电的特性,在工业生产中(如润滑剂、增塑剂

等)得到广泛应用,如果封存管理不到位造成部分物质泄露,则会对存放地的土壤及水源产生严重污染。多氯联苯是致癌物质,主要累积于人体脂肪组织中,对人体神经、免疫及生殖系统有严重影响。多氯联苯分子结构式如图5-2所示。

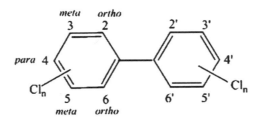

图5-2 多氯联苯分子结构式

(3)非故意生产的副产物。非故意生产的副产物主要指的是二噁英和呋喃类物质,主要由含氯化合物焚烧、造纸、含氯工业等生产过程产生,能随着空气的流动造成大范围的污染。二噁英分子结构式如图5-3所示。

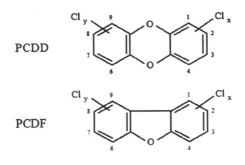

图5-3 二噁英分子结构式

(二)持久性有机污染物的危害

持久性有机污染物具有四种特性:高毒性、持久性、远距离迁移性(半挥发性)、生物累积性。持久性有机污染物因为有抗化学分解、抗生物降解等性质,在环境中难以降解,它们的半衰期很长(半衰期通常指污

染物在环境中降解50%所需要的时间）。持久性有机污染物一般在水中半衰期大于2个月，在土壤中大于6个月。持久性有机污染物在环境中滞留的时间比较长，虽然人类自20世纪70年代陆续认识到持久性有机污染物的危害，开始禁止生产和使用，但是几十年过去了，仍然可以在植物、水生物、环境沉积物中检测到它们的存在。比如二噁英类物质在土壤中的半衰期是17～273年。持久性有机污染物具有半挥发性，能够从水体或土壤中以蒸气的形式进入大气环境或被大气颗粒物吸附，通过大气环流在大气环境中远距离迁移，在较冷或海拔高的地方又会沉降到地面上，给着陆区域带来污染。当温度升高时，这些持久性有机污染物又会再次挥发进入大气，进行迁移，这就是所谓的"全球蒸馏效应"。持久性有机污染物难溶于水，具有高度的亲脂性，所以一旦进入生物体内会在生物体的脂肪组织中迅速积累，然后通过食物链的富集一层层地传递到人体中不断累积。有研究表明，某污染区域的DDT在大气中的含量约为3×10^{-6} mg/kg，而随着食物链的富集，水生浮游动物体内DDT达到了0.4 mg/kg，而到了大鱼的体内，DDT增加到了2 mg/kg，所以即使持久性污染物在环境中的浓度低于其有毒害作用的最低浓度，它也可以凭借生物累积性通过食物链将其浓度放大以致对食物链顶端的人类健康产生威胁。持久性有机污染物对人类的内脏器官、内分泌系统、神经系统和生殖系统有极大毒性，可造成先天缺陷、智力降低、内分泌失调、生殖及癌症等多方面的问题，而且它们还可以通过母体危害到下一代。

第二节 饲料中持久性有机污染物相关法规及限定标准

2017年之前我国的饲料卫生标准,仅对有机氯农药六六六、DDT的限量做了要求,随着持久性有机污染物的危害逐步被人们认识,新版GB/T 13078—2017《饲料卫生标准》中增加了有机氯污染物的种类,并根据饲料种类的不同进行了限量,详见表5-1。

表5-1 饲料中部分有机氯污染物限量

序号	项目		产品名称	限量
1	多氯联苯（μg/kg）	饲料原料	植物性饲料原料	≤10
			矿物质饲料原料	≤10
			动物脂肪、乳脂和蛋脂	≤10
			其他陆生动物产品,包括乳、蛋及其制品	≤10
			鱼油	≤175
			鱼和其他水生动物及其制品（鱼油、脂肪含量大于20%的鱼蛋白水解物除外）	≤30
			脂肪含量大于20%的鱼蛋白水解物	≤50
		饲料产品	添加剂预混合饲料	≤10
			水产浓缩饲料、水产配合饲料	≤40
			其他浓缩饲料、精料补充料、配合饲料	≤10
2	六六六（mg/kg）	饲料原料	谷物及其加工产品（油脂除外）、油料籽实及其加工产品（油脂除外）、鱼粉	≤0.05
			油脂	≤2.0
			其他饲料原料	≤0.2
		饲料产品	添加剂预混合饲料、浓缩饲料、精料补充料、配合饲料	≤0.2

续表

序号	项目		产品名称	限量
3	DDT（mg/kg）	饲料原料	谷物及其加工产品（油脂除外）、油料籽实及其加工产品（油脂除外）、鱼粉	≤0.02
			油脂	≤0.5
			其他饲料原料	≤0.05
		饲料产品	添加剂预混合饲料、浓缩饲料、精料补充料、配合饲料	≤0.05
4	六氯苯（mg/kg）	饲料原料	油脂	≤0.2
			其他饲料原料	≤0.01
		饲料产品	添加剂预混合饲料、浓缩饲料、精料补充料、配合饲料	≤0.01

注：其中多氯联苯（PCB）以 PCB28、PCB52、PCB101、PCB138、PCB153、PCB180 之和计算限量，六六六（HCH）以 α-HCH、β-HCH 和 γ-HCH 之和计算限量，滴滴涕以 p,p'-DDE、v,p'-DDT、p,p'-DDD、p,p'-DDT 之和计算限量。

第三节　饲料中持久性有机污染物相关检测方法及控制技术

一　饲料中持久性有机污染物的相关检测方法

饲料中持久性有机污染物的检测标准较少，部分指标参照食品的检测标准执行。部分现行有效的检测标准见表5-2。

表5-2　饲料中持久性有机污染物检测标准(部分)

标准号	标准名称	检测项目
GB 5009.190—2014	食品安全国家标准　食品中指示性多氯联苯含量的测定	多氯联苯
GB/T 34270—2017	饲料中多氯联苯与六氯苯的测定　气相色谱法	多氯联苯、六氯苯
GB/T 28643—2012	饲料中二噁英及二噁英类多氯联苯的测定　同位素稀释-高分辨气相色谱/高分辨质谱法	二噁英及二噁英类多氯联苯
GB/T 23744—2009	饲料中36种农药多组分残留测定　气相色谱-质谱法	包括六六六、滴滴涕等36种农药残留
GB/T 13090—2006	饲料中六六六、滴滴涕的测定	六六六、滴滴涕
GB/T 5009.19—2008	食品中有机氯农药多组分残留量的测定	多种有机氯农药
SN/T 0127—2011	进出口动物源性食品中六六六、滴滴涕和六氯苯残留量的检测方法　气相色谱-质谱法	六六六、滴滴涕和六氯苯

　　持久性有机污染物广泛存在于各种环境介质中,而且浓度低、干扰物多、组分比较复杂,所以在对持久性有机污染物进行分析前,需要对样品进行提取和净化。样品的预处理过程存在耗时长和容易被二次污染的问题,需要十分注意。对于液体样品,一般采用液液萃取和固相萃取的处理方式,对于固体或半固体样品有加速溶剂萃取、微波辅助萃取等提取方式,此外还有一些新的提取技术被不断应用,如单滴微萃取和固化悬浮有机液滴微萃取等方式。不管采用何种处理方式,都需要注意防止样品二次污染的问题。

　　目前持久性有机污染物常用的检测方法主要是色谱检测法,这也是应用最广泛的标准检测方法,是目前国标及行业标准中主要采用的检测方法。其原理主要是根据所测物质的分子量、质量、极性、电荷、电位等

不同进行分离检测,色谱分析法主要有液相色谱法、气相色谱法、液相–质谱联用法、气相–质谱联用法等。色谱分析法准确性高,重复性好,灵敏度高,可用于混合物的分离,且对样品的消耗量较少,但是对于检测设备的要求较高,前期投入较大。对于持久性有机污染物的分析和检测还有生物分析法和免疫学检测法等。

生物分析法是利用生物体对持久性有机污染物产生的特征反应来实现对环境中持久性有机污染物的检测分析。生物分析法利用动物培养测定生物反应来实现对持久性有机污染物的检测分析,这种方法特异性好且检测内容丰富,可以测出测试样品中持久性有机污染物的含量、毒性和生物活性,但是生物分析法相对而言耗时长,操作复杂,检测成本也比较高。

免疫学分析法是通过抗原体反应,应用持久性有机污染物半抗体、持久性有机污染物半抗原和酶标定持久性有机污染物类似物发生竞争性酶联免疫反应,通过标定持久性有机污染物类似物上的抗体数量来确定持久性有机污染物的含量,这种方法成本较低、检测分析速度快且灵敏度较高,但是该方法需要与其他一些传感器相结合才能对持久性有机污染物进行检测。

二 饲料中持久性有机污染物的控制技术

饲料中的持久性有机污染物主要来源于环境污染,如在农业生产中为防治病虫害而喷洒农药,在大气沉降的作用下污染环境;化工厂排出的废水、废气等因为持久性有机污染物的亲脂性和憎水性的特点,非常容易被有机质的土壤吸附,难以降解,并通过动植物的吸收以及微生物的降解等一系列反应,沉积在饲料(原料)中。所以持久性有机污染物的防控还需要从源头治理,多管齐下。

（一）开展持久性有机污染物污染情况调查，优化持久性有机污染物环境监测的有效途径

投入人力物力对持久性有机污染物的生产、使用、排放、库存等情况进行调研，查明持久性有机污染物的源头和向环境中排放的情况，加强对持久性有机污染物的环境监测，掌握持久性有机污染物的动态。要将重点关注目标放在提升持久性有机污染物的监测技术方面，结合相关产业发展状况及环境治理状况，对监测技术进行优化与整改，促进持久性有机污染物监测技术得到较好的应用与推广，不断提升我国环境监测水平。同时，要完善环境监测机制，确保环境监测工作高质量、高效率的进行。

（二）研究并开发替代品

在农业生产中，积极采用病虫害的综合治理技术，研究使用天敌及替代药品等杀虫技术。同时，在使用替代品有机磷农药、除虫菊酯类药品时，也应注意按照要求规范使用，不要滥用，以免产生新的污染。

（三）开展降解技术的研究

现阶段对于持久性有机污染物的降解技术，主要有3种处理方法：生物法、物理法和化学法。

生物法主要是依靠植物、微生物或动物等作用，将持久性有机污染物转化为无毒无害物质。生物法主要分为植物修复、微生物修复和动物修复。植物修复主要是通过植物根际微生物降解、根际表面吸附、植物吸收代谢等来处理持久性有机污染物。目前我国关于植物修复的研究尚处于起步阶段，仅在DDT等物质降解方面略有研究。微生物修复主要是利用微生物的代谢活动把持久性有机污染物转化成为易降解的物质或矿化来达到消除持久性有机污染物的目的，目前我国的研究主要集中在高效降解微生物的筛选和降解机理等方面，还未大规模地展开实际应

用。动物修复是指利用土壤中一些土生动物和小型动物种群吸收或富集土壤中的持久性有机污染物,并通过其自身的代谢活动把部分持久性有机污染物分解为低毒或无毒物质,此方法对于土壤要求比较高。生物法操作相对简单便捷,费用低,不破坏植物生长所需的土壤环境。目前生物法刚刚起步,还需要进一步的研究。微生物对持久性有机污染物的降解示意如图5-4所示。

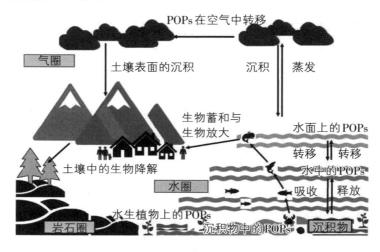

图5-4 微生物对持久性有机污染物的降解

物理法主要是利用吸附、萃取、洗脱、蒸馏等方法将环境中的持久性有机污染物去除。物理法可对持久性有机污染物起到浓缩富集作用,操作简单,处理效果好,但不能从根本上去除持久性有机污染物,还容易造成二次污染,所以一般常作为一种预处理方法与其他处理方法联合使用。

化学法主要包括臭氧氧化法、超临界水氧化法、湿式氧化法、电化学法、光催化氧化法等。电化学氧化法是近年来研究处理持久性有机污染物的一项新技术,该方法借助具有电催化活性的阳极材料,形成氧化能力极强的羟基自由基,可使持久性有机污染物分解转化为无毒性的可降解物质或矿化为二氧化碳、碳酸盐等物质。目前该技术主要应用在处理水体中的持久性有机污染物,实际的工业应用尚不多见。化学法对持久性有机污染物去除率较高,但操作相对不方便且成本相对较高。

以上方法各有利弊,如何合理应用这些降解技术是亟待人们解决的一大问题。

(四)减少持久性有机污染物的使用和排放

持久性有机污染物的防治是一个多方面通力合作的大工程,在工业方面,需要加大对持久性有机污染物排放企业环境管理力度,淘汰落后的生产工艺和产品,积极研发和推广替代技术和低排放技术。实施生活垃圾和医疗垃圾无害化处理,禁止垃圾焚烧,减少污染物的排放。

(五)开展痕量检测,建立持久性有机污染物信息数据库

要应用与国际接轨的微量或痕量检测技术,提高环境监测的技术水平,开发更有效、更灵敏、更准确的仪器分析技术,是持久性有机污染物检测发展的必然趋势。监管部门需及时检测环境介质中持久性有机污染物的实时浓度,以评估环境中持久性有机污染物的污染水平,建立污染地区样品的信息数据库,以便对持久性有机污染物进行全面分析。

(六)开展宣传教育,健全和完善相关法律法规

要减少持久性有机污染物的排放,需要树立人们的环保意识,加大环保的宣传力度,让人们充分了解持久性有机污染物对环境和人体的危害,从源头降低持久性有机污染物的使用和排放;还应针对性地完善相关的规章制度及法律法规,并对违规的企业予以严格的监管与处罚。

第一节 饲料中重金属概况

一 饲料中重金属概述

重金属指密度大于 4.5 g/cm³ 的金属,包括金、银、铜、铁、汞(水银)、铅、镉等几十种金属元素。重金属在人体中累积达到一定程度,会造成慢性中毒。在环境污染方面,重金属主要指汞、镉、铅、铬以及类金属砷等生物毒性显著的金属元素。

随着工业、农业生产的飞速发展,环境污染也随之加重,我国约有53%的省份土壤中重金属污染属于中度和重度污染级别,重金属非常难以被生物降解,能通过种植作物进入到动物体内,在食物链的生物放大作用下,成百上千倍地富集,导致动物生长发育缓慢或受阻,呼吸、消化、神经系统功能紊乱,严重的可致中毒死亡。畜禽产品中蓄积的重金属最后进入人体,在人体内能和蛋白质及酶等发生强烈的相互作用,使它们失去活性;也可能在人体的某些器官中累积,造成慢性中毒,最终危害人体健康。重金属污染是当前影响我国饲料和畜禽产品安全的重要因素之一。重金属污染示意见图6-1。

饲料中的重金属来源有很多:在某些矿区,地层中重金属含量较高,

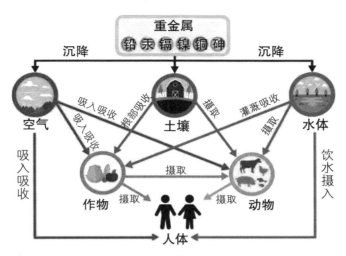

图6-1　重金属污染示意图

饲用植物(如玉米等)就会富集到较多的重金属;矿业等"三废"处理不当,就会在生产过程中向环境释放重金属;农业生产中,使用农药(如甲基胂酸铁铵等有机砷杀菌剂、醋酸苯汞等有机汞杀菌剂、砷酸铅杀虫剂等)、化肥(如磷肥中含有砷、铅等)、田地浇灌用了被污染的水等都能导致土壤被重金属污染,最后富集到农作物中;同时,在饲料加工过程中,一些加工器械、容器或包装等由于材质的原因,也有可能会向饲料中释放一定量的重金属。

二　饲料中重金属的种类及危害

对于畜禽有危害的重金属除原本就有毒性的金属元素外,还包括一些畜禽生长必需的微量元素。由于生产中多用和滥用微量元素,在畜禽体内超过一定的剂量,也会对动物体的健康产生一定的影响。

(一)铬

铬是葡萄糖耐量因子的重要活性成分,它可以增加胰岛素的活性,参与蛋白质合成和脂肪代谢,降低体内脂肪含量,提高瘦肉率。铬还可

以增强动物免疫力,提高机体对不良刺激及应激反应的抵抗力。但是,过量的铬会造成动物黏膜充血以及内脏器官出血,会对肝脏和DNA造成不可逆的损伤,所以在使用中需要注意铬不要超量使用。

(二)镉

饲料中的镉主要来源于镉工业产生的"三废"以及磷肥和药物的污染。当镉进入动物体内,会形成镉蛋白导致中毒。急性中毒表现为动物吐血、血压上升、腹痛等症状,严重时可导致动物休克或死亡;慢性中毒则影响动物正常生理功能,使骨骼代谢受阻,导致骨痛、瘫痪等症状。镉能损害肾小管,进一步引发泌尿系统的疾病,如蛋白尿、糖尿、尿钙等。镉常与锌伴生存在,当饲料中含有锌元素时,要注意对镉的监测。

(三)砷

砷被动物吸收后会在肝脏内进行甲基化,最终以甲基化衍生物的形式由尿液排出。砷可结合细胞内酶系统的巯基,造成酶失活并产生毒素。砷能导致细胞代谢障碍,这会使得动物中枢及外周神经受损,引发神经功能紊乱。当砷进入血液中时,会引发脏器充血,从而导致器官组织功能紊乱和器质性病变。

(四)汞

汞极易挥发,扩散性很强,饲料中汞以无机汞(一价汞和二价汞)和有机汞(甲基汞、乙基汞、苯甲基汞等)两种形态出现,其中甲基汞毒性最大。汞为脂溶性,被消化道吸收后,可穿透细胞膜进入血液,并随着血液循环分布到动物全身多个组织中,可导致畸形和神经中毒。汞还可以作用于还原型谷胱甘肽,损害其氧化功能。在农业生产中,有机汞化合物常用作杀虫剂和抗菌剂,所以要格外注意饲料经此途径被汞污染。

(五)铅

铅进入动物体内主要蓄积在胃中,铅可抑制细胞内含巯基酶的表达,阻碍动物体内血红蛋白的合成,抑制肌肉内磷酸肌酸的再合成,引起免疫和神经系统的损伤,导致动物神经机能失调、腹泻、痉挛、食欲减退、肾损伤、贫血症等。随着铅在动物体内的富集,动物的免疫系统受到铅的抑制,更容易被细菌侵犯;同时,铅还具有胚胎毒性,会导致雌性动物卵巢积液、着床功能障碍、阴道开口延迟等问题;还会使雄性动物精子活力下降,影响其生殖能力。

(六)铜、锌

铜和锌是养殖过程中最常见的饲料添加剂,对动物生长有着促进作用;但是,摄入量过多,则会造成多层面的负面效应,可能会让动物处于亚中毒或中毒状态。

铜主要在动物小肠内被吸收,通过门静脉运送到肝脏内并聚集,并由血液传递到全身组织。铜在动物体内主要以蛋白结合态形式存在,动物体内胆汁、肝脏、肠黏膜及粪便当中的铜含量会随着饲料中铜水平的增加呈线性增加,会对肝脏、肾脏、脾脏、心脏及淋巴胸腺等器官造成不同程度的损伤。动物对铜的吸收还会与其他多种微量元素(如锌、铁)的吸收形成拮抗作用,铜离子的氧化作用还会氧化饲料中的油脂、脂溶性维生素等不稳定物质,降低饲料的营养价值和适口性,阻碍营养物质的吸收。

锌在动物体内主要以金属硫蛋白结合形式存在,它同样会与其他微量元素的吸收产生拮抗作用。

(七)其他

一些金属元素为动物体生长必需的微量元素,在实际生产中由于添加剂的滥用、饲料原料的带入,可能会导致动物体内一些金属元素含量偏高(如镁、锰等),这会对动物体的健康产生一定的影响。

第二节　饲料中重金属含量相关限定标准

我国《饲料卫生标准》(GB 13078—2017)对饲料原料和饲料产品中的重金属的限量见表6-1。

表6-1　饲料原料及产品中重金属限量要求

[引用自《饲料卫生标准》(GB 13078—2017)]

序号	项目	适用范围		限量
1	总砷（mg/kg）	饲料原料	干草及其加工产品	≤4
			棕榈仁饼（粕）	≤4
			藻类及其加工产品	≤40
			甲壳类动物及其副产品（虾油除外）、鱼虾粉、水生软体动物及其副产品（油脂除外）	≤15
			其他水生动物源性饲料原料（不含水生动物油脂）	≤10
			肉粉、肉骨粉	≤10
			石粉	≤2
			其他矿物质饲料原料	≤10
			油脂	≤7
			其他饲料原料	≤2
		饲料产品	添加剂预混合饲料	≤10
			浓缩饲料	≤4
			精料补充料	≤4
			水产配合饲料	≤10
			狐狸、貉、貂配合饲料	≤10
			其他配合饲料	≤2
2	铅(mg/kg)	饲料原料	单细胞蛋白饲料原料	≤5
			矿物质饲料原料	≤15
			饲草、粗饲料及其加工产品	≤30
			其他饲料原料	≤10

续表

序号	项目	适用范围		限量
2	铅(mg/ kg)	饲料产品	添加剂预混合饲料	≤40
			浓缩饲料	≤10
			精料补充料	≤8
			配合饲料	≤5
3	汞(mg/ kg)	饲料原料	鱼、其他水生生物及其副产品类饲料原料	≤0.5
			其他饲料原料	≤0.1
		饲料产品	水产配合饲料	≤0.5
			其他配合饲料	≤0.1
4	镉(mg/ kg)	饲料原料	藻类及其加工产品	≤2
			植物性饲料原料	≤1
			水生软体动物及其副产品	≤75
			其他动物源性饲料原料	≤2
			石粉	≤0.75
			其他矿物质饲料原料	≤2
		饲料产品	添加剂预混合饲料	≤5
			浓缩饲料	≤1.25
			犊牛、羔羊精料补充料	≤0.5
			其他精料补充料	≤1
			虾、蟹、海参、贝类配合饲料	≤2
			水产配合饲料(虾、蟹、海参、贝类配合饲料除外)	≤1
			其他配合饲料	≤0.5
5	铬(mg/ kg)	饲料原料		≤5
		饲料产品	猪用添加剂预混合饲料	≤20
			其他添加剂预混合饲料	≤5
			猪用浓缩饲料	≤6
			其他浓缩饲料	≤5
			配合饲料	≤5

除饲料卫生标准外,一些特定用途的饲料(如无公害食品渔用配合饲料、宠物饲料、实验动物配合饲料等)对于重金属含量也有一定的要

求,详见表6-2、表6-3和表6-4。

表6-2　无公害食品渔用配合饲料中重金属安全限量要求(引用自NY
　　　5072—2021《无公害食品渔用配合饲料安全限量》)

序号	项目	适用范围	限量
1	铅(mg/kg)	各类渔用配合饲料	≤5.0
2	汞(mg/kg)	各类渔用配合饲料	≤0.5
3	无机砷(mg/kg)	各类渔用配合饲料	≤3
4	镉(mg/kg)	海水鱼类、虾类配合饲料	≤3
		其他渔用配合饲料	≤0.5
5	铬(mg/kg)	各类渔用配合饲料	≤10

表6-3　出口宠物食品——狗咬胶中重金属限量要求(引用自SN/T 1019—
　　　2017《出口宠物食品检验检疫规程 狗咬胶》)

序号	项目	适用范围	限量
1	总砷(mg/kg)	出口宠物食品——狗咬胶	≤10.0
2	铅(mg/kg)	出口宠物食品——狗咬胶	≤20.0
3	铬(mg/kg)	出口宠物食品——狗咬胶	≤10.0

表6-4　实验动物配合饲料中重金属限量要求(引用自GB/T 14924.2—2001
　　　《实验动物 配合饲料卫生标准》)

序号	项目	适用范围	限量
1	砷(mg/kg)	实验动物配合饲料	≤0.7
2	铅(mg/kg)	实验动物配合饲料	≤1.0
3	镉(mg/kg)	实验动物配合饲料	≤0.2
4	汞(mg/kg)	实验动物配合饲料	≤0.02

以上标准中并未对铜和锌的含量做限定,原农业部第2625号公告
《饲料添加剂安全使用规范》中要求饲料企业和养殖者在使用铜、锌、铁、
铬等微量元素作为饲料添加剂时,含同种元素的饲料添加剂使用总量不

能超过公告中相应元素在配合饲料或全混合日粮中的最高限量,详见表6-5。

表6-5 饲料添加剂中铜和锌限量要求

序号	元素	添加化合物	在配合饲料或全混合日粮中的最高限量(以元素计,mg/kg)	其他要求
1	铜	硫酸铜 碱式氯化铜	仔猪(≤25kg):125 开始反刍前的犊牛:15 其他牛:30 绵羊:15 山羊:35 甲壳类动物:50 其他动物:25	无
2	锌	硫酸锌 氧化锌 蛋氨酸锌络(螯)合物	仔猪(≤25kg):110 母猪:100 其他猪:80 犊牛代乳料:180 水产动物:150 宠物:200 其他动物:120	仔猪断奶后前两周的特定阶段,允许在110 mg/kg基础上使用氧化锌或碱式氧化锌至1 600 mg/kg(以配合饲料中锌元素计)

第三节　饲料中重金属相关检测方法及其控制技术

一　饲料中重金属相关检测方法

饲料中重金属对动物体危害较大,检测饲料中重金属含量尤为重要。除饲料产品的检测标准外,一些特殊的饲料产品或原料还引用了食品的重金属检测标准,部分重金属检测标准及检出限/定量详见表6-6。

表6-6 部分重金属检测标准

检测项目	标准号	标准名称	分析方法	检出限/定量限
铅	GB/T 13080—2018	饲料中铅的测定 原子吸收光谱法	原子吸收光谱法	火焰法：2 mg/kg
				石墨炉法：100 □g/kg
	GB 5009.12—2010	食品安全国家标准 食品中铅的测定	石墨炉原子吸收光谱法	0.005 mg/kg
			氢化物原子荧光光谱法	0.005 mg/kg
			火焰原子吸收光谱法	0.1 mg/kg
			二硫腙比色法	0.25 mg/kg
			单扫描极谱法	0.085 mg/kg
总砷	GB/T 13079—2006	饲料中总砷的测定	银盐法	0.04 mg/kg
			硼氢化物还原光度法	0.04 mg/kg
			原子荧光光度法	0.010 mg/kg
	GB 5009.11—2014	食品安全国家标准 食品中总砷及无机砷的测定	电感耦合等离子体质谱法	0.003 mg/kg
			氢化物发生原子荧光光谱法	0.010 mg/kg
			银盐法	0.2 mg/kg
无机砷	GB 5009.11—2014	食品安全国家标准 食品中总砷及无机砷的测定	液相色谱-原子荧光光谱法	0.02~0.08 mg/kg
			液相色谱-电感耦合等离子质谱法	0.01~0.06 mg/kg
汞	GB/T 13081—2006	饲料中汞的测定	原子荧光光谱分析法	0.15 μg/kg
			冷原子吸收法	压力消解法：0.4 μg/kg
				其他消解法：10 μg/kg
总汞	GB 5009.17—2021	食品安全国家标准 食品中总汞及有机汞的测定	原子荧光光谱法	0.003 mg/kg
			直接进样测汞法	0.000 2 mg/kg
			电感耦合等离子体质谱法	0.001 mg/kg
			冷原子吸收光谱法	0.002 mg/kg

检测项目	标准号	标准名称	分析方法	检出限/定量限
甲基汞	GB 5009.17—2021	食品安全国家标准 食品中总汞及有机汞的测定	液相色谱-原子荧光光谱联用法	0.008 mg/kg
			液相色谱-电感耦合等离子体质谱联用法	0.005 mg/kg
铬	GB/T 13088—2006	饲料中铬的测定	原子吸收光谱法	火焰法：150 μg/kg
				石墨炉法：0.005 μg/kg
			分光光度法	—
镉	GB/T 13082—2021	饲料中镉的测定	原子吸收光谱法	火焰法：0.08 mg/kg
				石墨炉法：0.002 mg/kg
	GB 5009.15—2014	食品安全国家标准 食品中镉的测定	石墨炉原子吸收光谱法	0.001 mg/kg
铜	GB/T 13885—2017	饲料中钙、铜、铁、镁、锰、钾、钠和锌含量的测定 原子吸收光谱法	原子吸收光谱法	5 mg/kg
	GB 5009.13—2017	食品安全国家标准 食品中铜的测定	石墨炉原子吸收光谱法	0.02 mg/kg
			火焰原子吸收光谱法	0.2 mg/kg
			电感耦合等离子体质谱法	0.05 mg/kg
			电感耦合等离子体发射光谱法	0.2 mg/kg
锌	GB/T 13885—2017	饲料中钙、铜、铁、镁、锰、钾、钠和锌含量的测定 原子吸收光谱法	原子吸收光谱法	5 mg/kg
	GB 5009.14—2017	食品安全国家标准 食品中锌的测定	火焰原子吸收光谱法	1 mg/kg
			电感耦合等离子体发射光谱法	0.5 mg/kg
			电感耦合等离子体质谱法	0.5 mg/kg
			二硫腙比色法	7 mg/kg

由表6-6可以看出,目前饲料中重金属的检测标准大多数采用原子吸收光谱法(AAS)和氢化物原子发生荧光光谱法(AFS)。原子吸收光谱法准确度高、重现性好、灵敏度高、选择性高、检出限低、应用范围较广,但无法进行多元素的同时分析;氢化物原子发生荧光光谱法检测,我国具有自主知识产权的仪器,发射谱线简单、线性范围较宽、抗干扰能力强、价格较低、投入较少,但仅能检测具有荧光发射的元素,适用分析的元素有限。近年来,随着仪器技术的飞速发展,研究人员开发出电感耦合等离子体发射光谱法(ICP-AES)、电感耦合等离子体质谱法(ICP-MS)、液相色谱-电感耦合等离子质谱法联用、激光诱导击穿光谱法(LIBS)、X射线荧光光谱法等技术,这些技术虽然能同时对多种元素进行分析检测,但是也分别存在设备价格昂贵、预处理过程烦琐、易受干扰和污染等各种问题。如何在满足测定准确度的基础上,简化样品前处理过程,能进行大批量样品的快速检测,是需要研究人员解决的问题。解决该问题不仅可以保障动物及人体健康,还可以为农业发展打下坚实的基础。图6-2和图6-3为重金属检测仪器。

图6-2　原子吸收光谱仪　　　　　　图6-3　原子荧光光度计

（二）饲料中重金属的控制技术

随着我国经济的高速发展以及人民生活水平的不断提高,人们对畜禽产品(肉蛋奶)的需求逐年上升,畜禽养殖业也从一开始的散养户向规模化、集约化、现代化方向发展。规模化养殖的飞速发展使得畜禽粪污成为农业污染的主要来源,带来了严重的环境污染问题,尤其是重金属污染会对动物体及人体健康造成极大的伤害,而饲料则是畜禽粪污中重金属残留的主要来源。畜禽饲料生产加工过程中,饲料原料中重金属的带入;铜、锌等微量元素添加剂的超量添加;饲料加工过程中由设备容器、包装等带入的重金属等都是饲料中重金属超标的原因。

(一)严选饲料原料,完善饲料原料重金属预警监测机制

天然矿物质饲料原料中的重金属是饲料产品中重金属污染的主要来源。由于饲料原料产地不同,重金属的种类和含量也各有不同,开展天然矿物质饲料原料重金属污染预警监测,进一步摸清我国当前饲用矿物质中重金属污染状况,建立健全全国天然矿物质饲料原料重金属含量数据库并及时更新,对提高饲料产品与畜禽产品的质量安全意义重大。

石粉是畜禽日粮中补钙最为常用的饲料原料,其主要由天然的石灰石、青石、方解石及白云石等粉碎而成。石粉常被用作添加剂及矿物质饲料的载体或稀释剂,由于其常伴生重金属元素,所以对于石粉的日常监测重点须关注铅、砷、镉、铬、镁的含量。

沸石粉由天然沸石岩层粉碎而成,因为其具有较强的吸附性,且价格便宜,所以常常被用作饲料添加剂的载体。沸石岩层在生成过程中同样会伴生重金属元素,在日常监测中需要重点关注砷、铅、镉、镁的含量。

麦饭石主要来自天然的矿石,具有较强的吸附性,可吸附水分,抑制霉菌的生长,还可以补充饲料中矿物质的不足,常被用作添加剂的载体或稀释剂。在日常监测中需要重点关注其铅、镉、镁的含量。

蒙脱石是一种硅铝酸盐,又名高岭石,在饲料中添加蒙脱石主要用来吸附防霉,治疗动物腹泻,在日常监测中需要重点关注其铅、砷、镉、

汞、镁的含量。

膨润土主要来自天然可吸附性黏土类物质,具有膨胀、吸附、黏合和润滑的特性,在饲料添加剂中常用作载体或稀释剂。企业在使用膨润土时对于重金属的危害关注度比较低,但也要注意监测其铅、砷、镉的含量。

磷酸氢钙是饲料配制过程中常用的补钙、磷的矿物质添加剂。磷酸氢钙常见的制备方法是用磷酸和石灰石进行中和反应,在反应中需要对产品进行脱砷、脱镉等处理,如果重金属去除不彻底就会导致成品中重金属超标,日常监测中重点需要关注其铅、砷、镉、汞的含量。

(二)研究推广环保型饲料,加强对饲料添加剂的监测和监管力度

研究和推广环保型饲料是未来饲料工业发展的必然趋势,用有机态生物复合微量矿物元素取代无机态的微量元素矿物质,对动物既可以起到促生长、防病治病的目的,又更加利于环保要求。同时,要加强对饲料添加剂的长期监测和监管力度,规范饲料添加剂的使用,防止营养型添加剂的超用、滥用。通过法律约束企业的违法行为,加大查处和执法力度,强化行业自律,提升责任意识。

(三)提高畜禽粪便堆肥技术

畜禽粪便经堆肥腐熟后用于农业生产,如果对其中的重金属不加处理,会随着有机肥的施用重新进入农田,造成土壤重金属的累积,从而危害土壤及农作物的安全。要大力提高畜禽粪便堆肥技术,对畜禽粪便进行重金属钝化处理,降低农田应用的风险。常用的钝化剂主要有生物性钝化剂、物理性钝化剂及化学性钝化剂等。

生物性钝化剂主要是利用重金属与微生物的亲和性来富集重金属,或将重金属转化为不易被植物吸收的形态,从而降低堆肥中重金属的浓

度。常见的生物性钝化剂主要有香菇菌渣、白腐菌、酿酒酵母、青霉菌、黑曲霉等。生物性钝化剂钝化效果好,重金属去除率高、成本低、针对性较强,但是钝化时间相对较长。

物理性钝化剂主要是利用钝化剂的静电力、离子交换性能及空腔表面等特点,通过硅酸盐等物质进行物理吸附。物理性钝化剂主要有生物炭、海泡石、硅藻土等,具有原理简单、操作便捷等优点;但是,物理性钝化剂与重金属结合不太紧密,钝化效果持续性不长,且吸附剂与堆肥难以分离,而且一些物理性钝化剂本身也会含有重金属,会对本底值造成一定的影响。

化学性钝化剂主要是通过络合、沉淀和离子交换等作用使重金属转变为活性较低的形态。化学性钝化剂主要有风化煤、磷矿粉、粉煤灰等碱性含量较高的物质。化学性钝化剂的缺点是堆肥后的腐熟肥料容易对环境造成二次污染,同时也不容易从堆肥中将其去除。

(四)畜禽养殖废水的处理

由于饲料添加剂的大量使用,畜禽养殖污水中铜和锌的含量较高。目前,对于养殖废水的处理主要有沉淀、絮凝、吸附等方法。沉淀法主要是通过提高水的pH使重金属以氢氧化物或碳酸盐的形式从水中分离出来;絮凝法主要是通过采用铁盐或铝盐等材料作为絮凝剂分离重金属;吸附法主要是利用多孔性固态物质(如活性炭、粉煤灰等)来吸附污染物。

(五)健全重金属限量标准

目前,我国的饲料卫生标准对于重金属的限量还不够完善。由于重金属的不同形态对于动物体的危害程度也有所不同,所以,不能仅仅把重金属总量作为污染风险的评价依据,还应根据不同重金属、不同形态的危害制定相应的限量标准(如无机砷、有机砷、无机汞、有机汞等)。同

时，还应根据不同地区、不同畜种、不同阶段的动物的不同需求，对铜、锌、镁等动物体必需的微量元素加以限制，以防添加剂的滥用。

第七章　标准化质量控制技术在饲料安全管理中的应用

▶ 第一节　全面质量控制技术在饲料安全管理中的应用

我国的饲料工业虽然起步晚，但是发展迅速，竞争激烈。对于饲料企业来说，产品是否能满足客户需要，有无良好的口碑，有无竞争力和稳定的销路等都取决于产品的质量。只有制定出明确的质量管理标准，严格规范饲料企业的正常运作，保证饲料质量，并保持长期有效的执行，才能保证饲料工业及畜牧业的长期稳定、健康发展。

一　全面质量控制技术的概念

全面质量控制（TQC）是一种综合的、全面经营和管理的理念，它以全体动员为形式、全过程管理为手段、质量管控为目标，代表了质量管理发展的最新阶段。它的3个核心的特征是：全员参加的质量管理、全过程的质量管理以及全面的质量管理。自20世纪80年代后期以来，全面质量控制理论得到了进一步的发展和深化，逐渐由早期的TQC演化成为全面质量管理（TQM），成为一种全面的、综合的经营管理方式和理念。

对于饲料企业而言，它的质量控制需要从其产品的质量、企业的工作质量以及针对产品的售后服务质量等方面来考核。

（一）产品质量

饲料的产品质量需要从营养性、安全性、适口性、经济性、适用性等方面来进行控制。饲料产品各营养指标是否满足畜禽营养需要，饲料产品是否干净卫生、安全可靠，畜禽对于饲料产品的采食喜爱程度，饲料产品是否物美价廉，用户对饲料产品的接受程度等都是需要饲料企业认真考量的问题。

（二）工作质量

工作质量指的是饲料企业为了保证其对生产的饲料产品质量所做的各项生产技术、组织管理等工作，可以说工作质量的好坏直接影响着饲料产品的质量。

（三）售后服务

饲料产品的使用、保存等需要一定的方法和条件，如果饲料产品使用或保存不当，那么在使用中则不能达到预期的使用效果；如果售后服务没有跟进，导致用户的体验感不好，不但会影响到饲料产品的实际使用效果，同时也会影响饲料产品的销售量。所以，售后服务对于饲料企业而言也是饲料产品质量控制的一项重要工作。

二　全面质量控制的主要工作

饲料企业的全面质量控制工作主要包括以下几个方面。

（一）饲料产品生产过程前的质量管理工作

饲料产品生产过程前的质量管理工作主要包括饲料企业对于饲料原料的选择，饲料原料的种类、数量和配比应与畜禽营养需求相适应；饲料原料种类和质量的选择是否质优价廉等。此外，在加工开始前加工系统如何设计安装、是否建立了规范有效的操作规程等也是在生产过程前需要关注的内容。

（二）饲料产品生产过程中的质量管理工作

饲料产品生产过程中的质量管理工作主要包括：饲料配方的确定，要保证饲料配方的质量就需要注意饲料原料的各成分含量、质量、价格、生物学效价、卫生安全以及各原料之间的交互作用；饲料加工中的控制，饲料加工设备（称量系统、粉碎系统、搅拌系统等）是否质量合格，各工艺流程间是否衔接正常，通常通过加工生产试运行并对试运行生产的产品进行检测，全部合格无误，整个设备调试正常，达到标准之后才开始投入正常的生产运行。

（三）饲料产品使用过程中的质量管理工作

并不是饲料产品卖出去之后企业的任务就结束了，用户对饲料产品的评价、使用的实际效果是判断饲料产品质量好坏的重要因素。目前的形势下，除规模性的养殖场外，我国还有大量的散养户，他们在养殖过程中，较为缺乏科学的畜禽养殖技术，所以迫切需要专业的技术人员给予指导。如果饲料企业对用户做好技术服务工作，无疑能得到用户的满意评价，同时也能让自家的饲料产品稳固地占领市场，这对促进我国畜牧业的健康发展也有积极的推进作用。

三 全面质量控制的主要流程

饲料全面质量控制的主要流程如下。

（一）设计饲料配方

饲料配方是生产饲料产品的基础，是生产饲料产品的核心技术，采购何种原料、采购多少数量都要由饲料配方决定。

（二）原料的采购与验收

原料采购时需要有原料相关指标的检测数据，符合要求的才能采购，并在验收原料时对关键指标进行检测。一般配合饲料的检测指标主

要有：感官、水分、粗蛋白质、粗纤维、粗脂肪、粗灰分、钙、总磷、水溶性氯化物等。

（三）原料的清理、粉碎和计量

原料在投入使用前需要清除原料当中所含的杂质，需要有专人每天检查磁选等系统，对于原料的粉碎粒度（参考检测标准：GB/T 5917.1—2008《饲料粉碎粒度测定 两层筛筛分法》）和称重也需要有人每天检查相关系统的工作性能。

（四）配料、混合及制粒

要有专人严格按照饲料配方的要求准确配料、投料，对于混合系统需要定期测试，主要检查饲料混合均匀度指标（参考标准：GB/T 5918—2008《饲料产品混合均匀度的测定》），符合要求才能正常生产运行。对要制粒的饲料还应注意控制制粒过程中的温度、压力等系统是否正常运转，以免影响饲料中部分成分的有效性。

（五）饲料的包装与标签

饲料产品的包装需要符合饲料产品的质量安全要求，应便于保存、运输和使用；同时，外包装应有符合GB/T 10648—2013《饲料标签》要求的标签内容。

（六）产品的销售与使用

产品在销售及用户使用时，要及时地对用户进行必要的技术指导，保持有效的沟通，确保用户选购的是正确的适用饲料，并且使用方法正确。

（七）饲料产品的售后

及时收集用户对饲料产品使用效果的评价及建议，便于自身对饲料产品质量的持续改进。

▶ 第二节　危害分析与关键控制点系统在饲料安全管理中的应用

一　危害分析与关键控制点系统的概念

危害分析和关键控制点（HACCP）系统是世界上最权威的食品安全质量保护体系。其主旨是将那些可能发生的危害在产品的生产过程中消除，而不是在产品出来后依靠质量检测来保证产品的可靠性。HACCP系统是一种以科学性和系统性为基础，识别特定危害，确定控制措施，确保食品（包括饲料）安全性的预防性系统，其核心是制定一套方案来预测和防止生产过程中可能发生的影响食品与饲料卫生安全的危害，防患于未然。

饲料HACCP系统主要由危害分析和关键控制点两部分组成，可用于鉴定饲料危害，且含有预防的方法，以控制这些危害的发生。但该系统并非一个零风险系统，而是设法使饲料安全危害的风险降低到最低限度，是一个使饲料生产过程免受生物性、化学性和物理性危害的管理工具。饲料企业良好的操作规范是实施HACCP系统管理的先决条件。饲料安全即饲料产品安全，鉴于HACCP系统是预防性的饲料产品安全控制系统，不需要大的投资即可实施，简单有效，符合我国国情。饲料工业HACCP管理体系的建立和实施，将有利于解决目前饲料安全中存在的问题，为消费者提供安全卫生的动物产品。在饲料工业中建立和推行HACCP管理体系是一种与国际接轨的做法，有利于扩大我国动物产品的出口。

二 危害分析与关键控制点系统的原理

HACCP系统由以下七个部分组成：

（1）进行危害分析和提出控制措施。

（2）确定关键控制点。

（3）建立关键限值。

（4）建立关键控制点的监控系统。

（5）制定纠正措施，以便当监控表明某个特定关键控制点失控时采用。

（6）建立验证程序，以确认HACCP体系运行的有效性。

（7）建立有关上述内容及其在应用中的所有程序和记录的文件系统。

HACCP在应用于食品链（包括饲料）任何环节之前，该环节需要按照国际食品法典委员会（CAC）制定的《食品卫生通则》以及适用的食品法典操作规范或适当的食品安全法规运行，在危害识别、评价以及随后建立和应用HACCP系统的过程中，必须考虑到原料、辅料、操作规程、加工过程等对控制危害的作用、产品可能的最终用途、有关消费者群体类别以及与食品安全有关的流行病学证据。HACCP系统的核心在于对关键控制点（CCPs）实施控制，应独立于各个特定的操作。

三 危害分析与关键控制点系统在饲料生产中的具体应用

饲料企业实施HACCP体系应首先建立基础方案，并在HACCP计划制订和实施过程中，对基础方案的有效性进行评价，必要时予以改进。

基础方案主要包括良好的操作规范（GMP）、卫生标准操作程序（SSOP）、原/辅料安全控制方案等，饲料企业应根据GB/T 16764—2006

《配合饲料企业卫生规范》和(或)《饲料添加剂和添加剂预混合饲料生产许可证管理办法》,结合企业自身情况,制定适合本企业的基础方案并予以实施。其中GMP是饲料企业实施HACCP管理的前提条件和基础,是饲料生产质量与安全管理的基本原则,有效的GMP管理不仅可以确保HACCP体系的完整性,还会使关键控制点的数量大大减少,使HACCP计划的实施变得简便易行;SSOP是为达到饲料卫生安全要求而规定的具体活动和顺序;建立并有效实施原/辅料安全控制方案,是为了对原/辅料及包装材料的采购、验证和贮存等进行控制,保证生产的安全性。

基础方案通常应与HACCP计划分别制订和实施,所有的基础方案均应形成文件,并按适当的频次进行评审。

饲料企业应根据所生产的饲料产品的品种、生产方式、生产场所等不同情况,分别建立并实施HACCP计划,HACCP系统应用的逻辑顺序详见图7-1。

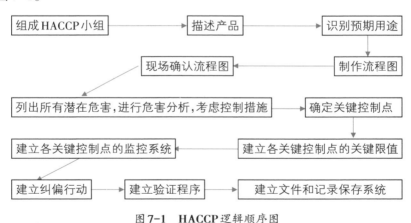

图7-1　HACCP逻辑顺序图

(一)成立HACCP小组

饲料企业管理层需要明确和认真对待HACCP系统,认识到实施HACCP管理体系的意义,在建立实施HACCP管理体系时,首先要成立HACCP小组。需要从员工中选择不同工作岗位(如原料采购、配方研发、

质量检测、产品加工、生产管理、卫生控制、设备维修、产品销售、售后服务等)的人员组成HACCP小组,必要时也可请外部专家参与。

小组成员需要经过适当培训,并具有与企业的产品、过程、所涉及危害相关的专业技术知识和经验,要确定小组成员的各自职责,并对关键控制点的监控人员、纠正人员进行授权。同时,企业的最高管理者需要指定一名HACCP小组组长,并赋予其相应的职责与权限:确保HACCP系统所需的过程得到建立、实施和保持;向企业最高管理者报告HACCP系统的有效性、适宜性以及任何更新或改进的需求;领导和组织HACCP小组的工作,并通过教育、培训、实践等方式确保HACCP小组各成员在专业领域、技能和经验方面得到持续提高。

(二)描述产品

HACCP小组应针对饲料产品识别并确定进行危害分析所需要的信息,并保存产品描述的记录:

(1)饲料原料及包装材料的名称、类别、成分及其生化和物理特性;

(2)饲料原料及包装材料的来源,其生产、包装、储存、运输等方式;

(3)饲料原料及包装材料的接收要求、接收方式和使用方式;

(4)饲料产品的名称、类别、成分及其生化和物理特性;

(5)饲料产品的加工方式;

(6)饲料产品的包装、储存、运输等方式;

(7)饲料产品的销售方式和标签;

(8)其他信息。

(三)识别预期用途

HACCP小组应在饲料产品描述的基础上,识别并确定进行危害分析所需要的信息:

(1)顾客对饲料产品的消费或使用期望;

（2）饲料产品的预期用途、储存条件及保质期；

（3）饲料产品的使用方式、预期使用对象；

（4）饲料产品对畜禽的适用性；

（5）其他信息。

（四）制作流程图

HACCP小组应在企业的生产经营范围内制定从"原料—产品加工—产品使用"非常详细的流程图,流程图的制定应该完整、准确、清晰,以便能找出与原料产地、采购、接收过程,饲料产品加工过程,饲料产品储存、运输、使用等过程有关的危险因素。流程图应该包括：

（1）每个步骤及其操作；

（2）每个步骤之间的顺序和相互关系；

（3）返工点或循环点；

（4）外部过程和外包内容；

（5）原材料及中间产品的投入点；

（6）废弃物的排放点；

（7）其他。

（五）现场确认流程图

应由熟悉操作流程工艺的HACCP小组人员对所有操作步骤在实际操作状态下进行现场核查、确认并证实是否与制定的流程图一致,以保证其符合加工实际;当工艺流程发生变化时,应对流程图进行修改,并保持确认后的流程图的唯一性及有效性。

（六）列出所有潜在危害,进行危害分析,考虑控制措施

在从原料生产直到最终消费的整个过程中,HACCP小组需要针对所考虑的所有危害,识别其在每个操作步骤中有根据预期被引入、产生或增长的所有潜在危害及其原因。HACCP小组应针对识别的潜在危害,评

估其发生的严重性和可能性,如果这种潜在危害在该步骤极可能发生并且后果严重,则应确定为显著危害。HACCP小组需要针对每种显著危害制定相应的控制措施,并对所有制定的控制措施予以确认,应明确显著危害与控制措施之间的对应关系,并考虑一项控制措施控制多种显著危害,或多项控制措施控制一种显著危害的情况。当这些措施涉及的操作改变时,需要做出相应的变更并修改流程图。当控制措施的有效性受到影响时,需要评价、更新或改进控制措施,并再次确认。

饲料生产过程中可能存在的显著危害及控制措施主要有:

(1)原料的控制。饲料企业应建立原料控制措施,确保使用的饲料原料应在《单一饲料产品目录》和(或)《动物源性饲料产品目录》内,禁止在反刍动物饲料中使用除乳及乳制品外的动物源性饲料。所添加的营养物质及一般饲料添加剂应在原农业部公告的《饲料添加剂品种目录》内;识别饲料原料中生物性、化学性、物理性等因素的危害,评估这些危害因素对动物机体及其生产的动物性食品对人类健康的影响:生物性危害因素主要指的是有害微生物(如沙门氏菌、肠道病原菌等)、微生物产生的毒素(如黄曲霉毒素、呕吐毒素、玉米赤霉烯酮等)、动物疾病的媒介物(如来源于疫区的动物性原料等);化学性危害因素主要指的是饲料原料中的有害化学物质,包括原料本身含有的以及污染造成的(饲料原料中的抗营养因子、重金属、农药残留等);物理性危害因素主要指的是在原料中或生产、储存、运输中混入的异物(如玻璃碴、金属碎渣、石子、包装残留等)。确保这些危害不超出相关法规规定的标准。

(2)药物饲料添加剂的控制。饲料企业应建立药物饲料添加剂管理制度,确保加药饲料中药物添加剂的使用及添加量符合《饲料药物添加剂使用规范》《饲料药物添加剂使用规范公告的补充说明》《禁止在饲料和动物饮用水中使用的药物品种目录》《食品动物禁用的兽药及其他化合物清单》等原农业部有关公告的规定。

（3）生产过程的控制。包括控制生产程序中每批次之间的交叉污染，严格按照饲料配方称重、配料，对颗粒饲料温度、时间等进行控制，产品包装应符合要求等。

HACCP小组需要保存包括危害识别依据和结果的记录以及制定控制措施的依据和文件。

（七）确定关键控制点

一旦明确了主要的危害因素之后，HACCP小组需要根据危害分析所提供显著危害与控制措施之间的关系，识别出针对每种显著危害控制的适当步骤，以确定关键控制点，确保所有显著危害得到有效控制（如病虫害流行的地区生产的饲料原料中的农药残留、来自潮热地区的饲料原料的霉菌毒素污染等就可能是关键控制点）。

饲料企业应使用适宜的方法来确定关键控制点，如判断树表法等。当显著危害或控制措施发生变化时，需要重新进行危害分析，判定关键控制点。同时，需要保存确定关键控制点的依据和文件。

1. 建立各关键控制点的关键限值

HACCP小组需要为每个关键控制点建立关键限值，每个关键控制点的关键限值可以不止一个〔如我国《饲料卫生标准》（GB/T 13078—2017）中规定矿物质饲料原料中铅的含量需≤15 mg/kg，添加剂预混合饲料中铅的含量需≤40 mg/kg，而配合饲料中铅的含量需≤5 mg/kg〕。关键限值的设立应直观、科学、易于监测；可来自法律法规、强制性标准、指南、公认惯例、文献、实验结果或专家建议等，查询的数据应在本企业进行实际验证，以确认其有效性；基于感知的关键限值，应由经评估后能够胜任的人员进行监控、判定，能确保产品的安全危害得到有效控制。为避免采取纠正措施可设立操作限值，以防止因关键限值偏离造成损失，确保产品

安全。同时,需保存关键限值的确定依据和结果的记录。

2. 建立各关键控制点的监控系统

饲料企业需要针对每个关键控制点制定并实施有效的监控措施,建立监控系统,保证每个关键控制点都处于受控状态。监控措施需包括每个关键控制点的关键限值,采用的监控方法需及时、准确,一般应实行连续监控,如果采用非连续监控,其频次应能保证关键控制点受控的需要,监控人员应受过适当的培训,熟悉监控操作并能及时准确地记录和报告监控结果。当监控表明偏离操作限值时,监控人员应立即调整,以防止关键限值的偏离;当监控表明偏离关键限值时,监控人员应立即停止该操作步骤的运行并及时采取纠偏措施(如饲料产品中黄曲霉毒素 B1 超标,要先停止生产,查明原因,然后采取消除或降低该毒素的措施),同时保存监控记录。

3. 建立纠偏行动

饲料企业应针对关键控制点的每个关键限值的偏离预先制定纠偏措施,以便在关键限值偏离时实施。纠偏措施应包括实施纠偏措施和负责受影响产品放行的人员、偏离原因的识别和消除、受影响产品的隔离、评估和处理。对于受影响产品可进行生物、化学或物理特性的检测,如果检测结果表明危害处于可接受指标之内,那么可将受影响产品放行至后续操作;否则,对于受影响产品需采取返工、改变用途、废弃等处理。

实施纠偏措施的人员应经过适当的培训,熟悉饲料产品和 HACCP 计划,并经授权。当某个关键限值的监控结果反复发生偏离或偏离原因涉及相应控制措施的控制能力时,HACCP 小组需要重新评估相关控制措施的适宜性和有效性,必要时需对该控制措施予以改进并更新,同时应保存纠偏记录。

4.建立验证程序

饲料企业应建立并实施HACCP计划的确认和验证程序,以证实HACCP计划的完性、适宜性和有效性。在HACCP计划实施前或每一次变更后都需要履行确认程序,确认内容应包括HACCP计划所有要素有效性的确认。验证程序应包括:验证依据和方法、验证人员、验证频次、验证内容、验证结果及采取的措施、验证记录等。

必要时对于所需的控制设备和方法通过有资格的检验机构进行技术验证(如计量设备和检测设备送给有资质的计量机构进行检定或校准),并提供形成文件的技术验证报告。

验证的结果要作为饲料企业管理评审的输入部分,以确保这些数据资源能被管理层知晓并重视,对整个HACCP体系的持续改进起作用。当验证结果不符合要求时,应采取纠正措施并进行再验证。

5.建立文件和记录保存系统

应建立文件化的HACCP体系,并建立相关的监控记录。HACCP计划记录的控制应与企业体系记录的控制一致。HACCP体系应包括如下记录:

(1)HACCP计划及制订HACCP计划的支持性材料(如危害分析工作单、HACCP计划表、HACCP小组名单等)。

(2)关键控制点的监控记录。

(3)纠正措施记录。

(4)验证记录。

(5)生产加工过程的卫生操作记录(如化学品领用和使用记录、防鼠记录等)。所有记录应至少保存两年,可以使用电脑保存记录,但要加以控制,确保数据和电子文件签名的完整性。

▶ 第三节 国际标准化组织(ISO)标准在饲料安全管理中的应用

一 ISO简介

ISO是标准化领域中一个国际性非政府组织。ISO成立于1947年,是全球最大最权威的国际标准化组织。ISO负责当今世界上绝大部分领域的标准化活动,是指定发布国际标准的国际性权威机构。

ISO的主要职能是为人们制定国际标准达成一致意见提供一种机制,担负着制定全球协商一致的国际标准的任务。ISO是非政府机构,它制定的标准实质上是自愿性的,这就意味着这些标准必须是优秀的标准,它们会给企业各自所处的行业带来收益。随着经济全球化的迅速推进和科学技术的飞速发展,ISO在各个技术领域(如信息技术、交通运输、农业、环境等)制定了一系列的标准,并得到了广泛的应用。

二 ISO国际标准在饲料安全管理中的应用

ISO相关饲料标准是ISO国际标准的重要组成部分,这些标准列述了饲料中各主要成分的标准化检测方法等,表7-1列出了截至2022年5月部分现行有效的ISO饲料检测标准,以供参考。

表7-1　部分ISO饲料检测标准

标准号	标准名称	颁布时间
ISO 6498:2012	动物饲料-试样的制备	2012/06/04
ISO 6497:2002	动物饲料-采样	2002/11/20
ISO 14718:1998	动物饲料-黄曲霉毒素B1含量的测定-HPLC法	1998/12/17
ISO 13904:2016	动物饲料-色氨酸含量的测定	2016/02/11
ISO 30024:2009	动物饲料-植酸酶活性	2009/07/02
ISO 5984:2002	动物饲料-粗灰分的测定	2002/11/18
ISO 6492:1999	动物饲料-脂肪的测定	1999/08/19
ISO 6654:1991	动物饲料-尿素含量的测定	1991/03/14
ISO 5510:1984	动物饲料-可用赖氨酸的测定	1984/11/01
ISO 13903:2005	动物饲料-氨基酸含量的测定	2005/06/02
ISO 17375:2006	动物饲料-黄曲霉毒素B1含量的测定	2006/06/09
ISO 15914:2004	动物饲料-总淀粉含量的测定	2004/01/21
ISO 6493:2000	动物饲料-淀粉含量的测定-偏光法	2000/01/27
ISO 6491:1998	动物饲料-磷含量的测定-分光光度法	1998/12/17
ISO 5985:2002	动物饲料-盐酸不溶性灰分的测定	2002/11/18
ISO 14902:2001	动物饲料-大豆产品中胰蛋白酶抑制剂活性的测定	2001/10/11
ISO 6496:1999	动物饲料-水分和其他挥发性物质含量测定	1999/08/12
ISO 6865:2000	动物饲料-粗纤维的测定-过滤法	2000/10/26
ISO 14181:2000	动物饲料-有机氯农药的测定-气相色谱法	2000/09/21
ISO 14182:1999	动物饲料-有机磷农药的测定-气相色谱法	1999/12/16
ISO 16472:2006	动物饲料-中性洗涤纤维的测定	2006/06/06
ISO 6490-1:1985	动物饲料-钙含量的测定-滴定法	1985/11/07
ISO 14939:2001	动物饲料-碳水化合物含量的测定-HPLC法	2001/08/30

续表

标准号	标准名称	颁布时间
ISO 14797:1999	动物饲料–呋喃唑酮的测定–HPLC法	1999/03/18
ISO 13906:2008	动物饲料–酸性洗涤纤维和酸性洗涤木质素的测定	2008/07/02
ISO 6867:2000	动物饲料–维生素E的测定–HPLC法	2000/12/07
ISO 14565:2000	动物饲料–维生素A的测定–HPLC法	2000/12/07
ISO 7485:2000	动物饲料–钾、钠含量的测定–火焰发射光谱法	2000/08/24
ISO 6495-1:2015	动物饲料–水溶性氯化物的测定–第一部分滴定法	2015/06/24
ISO 21567:2004	食品和动物饲料微生物–志贺氏菌的测定	2004/11/08
ISO 16654:2001	食品和动物饲料微生物–大肠杆菌O157的测定	2001/05/17
ISO/TS 17764-2:2002	动物饲料–脂肪酸的测定–第二部分气相色谱法	2002/11/19
ISO 5983-1:2006	动物饲料–粗蛋白的测定–第一部分凯氏定氮法	2005/06/30
ISO 7937:2004	食品和动物饲料微生物–产气荚膜梭菌水平记数法	2004/08/16
ISO 11085:2015	谷物和动物饲料–粗脂肪和总脂肪含量的测定	2015/08/19
ISO 6869:2000	动物饲料–铜、铁、锰、锌、钾、钠、钙、镁含量的测定–原子吸收光谱法	2000/12/14
ISO/TS 6579-2:2012	食品和动物饲料微生物–沙门氏菌的检测技术和血清分型方法	2012/11/05

参 考 文 献

［1］王忠民.畜牧养殖中饲料安全影响因素与对策［J］.畜牧兽医科学(电子版)，
　　 2019(21)：160-161.

［2］唐仁勇,蔡婧,谢贞建,等.畜禽饲料安全现状分析及风险控制［J］.上海畜牧
　　 兽医通讯,2021(5)：1-6.

［3］许洪刚.法律法规对饲料安全监督机制的助力性分析［J］.中国饲料,2020
　　 (12)：118-121.

［4］王继强,龙强,李爱琴,等.肉粉和肉骨粉的营养特点和质量控制［J］.广东饲
　　 料,2010,19(7)：35-36.

［5］山加甫,依仁且拉.影响饲料品质的抗营养因子和有毒有害物质［J］.饲料博
　　 览,2021(11)：51-52.

［6］陈会良.植物性饲料中有毒有害物质的研究进展［J］.中国养兔,2011(7)：
　　 14-17.

［7］王旭贞.饲料原料中有毒有害物质的控制［J］.养殖与饲料,2016(7)：33-34.

［8］姚蒙蒙,李仲玄,王晓冰,等.常用饲用抗生素替代物研究进展［J］.饲料工
　　 业,2019(8)：61-64.

［9］刘天旭,杨晓洁,徐建,等.畜禽养殖抗生素替代物研究进展［J］.家畜生态学
　　 报,2021,42(7)：1-7.

［10］蓝天,高玉云,凌宝明,等.抗生素替代产品的研究进展［J］.饲料研究,2013
　　 (6)：27-30.

［11］胡艳平,董敏,谭静,等.植物提取物在养猪生产中的应用研究［J］.饲料广
　　 角,2016(6)：45-48.

［12］吕莲.植物提取物在家禽养殖中的应用［J］.畜牧兽医科技信息,2019(8)：

153.

[13] 王晓杰,黄立新,张彩虹,等.植物提取物饲料添加剂的研究进展[J].生物质化学工程,2018,52(3):50-58.

[14] 周璐丽,王定发,何德林,等.植物提取物在养殖业中的应用研究进展[J].热带农业科学,2018,38(2):102-106.

[15] 郝生宏.畜禽饲养中益生菌的功能概述[J].饲料博览,2009(4):12-13.

[16] 晏雪勇,杨群,周希平,等.浅谈益生素在动物生产上的应用与研究进展[J].江西饲料,2010(5):16-18.

[17] 和玉丹,万培伟,王庚.益生元促进动物肠道免疫的作用机理[J].江西畜牧兽医杂志,2020(1):5-9.

[18] O.KAEPPELI.益生元和益生菌对动物健康的促进作用[J].中国猪业,2012,7(7):10-11.

[19] 王静,张晓静,潘春梅.益生元在动物营养中的研究进展[J].湖北畜牧兽医,2018,39(11):12-13.

[20] 徐博成,丑淑丽,单安山.抗菌肽的分类、作用机理和在动物生产中的应用[J].黑龙江畜牧兽医,2017(6):72-76.

[21] 郑邓祥.抗菌肽的来源、功能及其在畜禽生产中的应用[J].养殖与饲料,2014(7):33-35.

[22] 刘梦雪,杨瑞,刘优优,等.抗菌肽及其在动物生产中的应用[J].河北科技师范学院学报,2021,35(1):15-20.

[23] 皮宇,孙丽莎,陈青,等.饲用酸化剂的作用机理及其在畜禽生产中的应用[J].饲料博览,2014(3):26-31.

[24] 段英萍,霍妍明.饲用酸化剂在畜禽生产中的研究进展[J].饲料博览,2020(9):18-19,54.

[25] 田冬冬,费前进,刘德军.酸化剂在畜禽业中的应用研究[J].饲料博览,2018(2):28-32.

[26] 刘春青.酶制剂及其在畜禽养殖中的应用[J].中国畜禽种业,2021,17(3):

77-78.

［27］王前光,高惠林,贺建华.酶制剂在畜禽生产中的应用研究进展［J］.中国畜牧兽医,2007,34(10):19-22.

［28］姜柏翠.饲料霉菌毒素的危害及防控策略［J］.山东畜牧兽医,2020,41(10):73-75.

［29］闫甫,沙文锋,朱娟,等.饲料霉菌及其毒素的危害及预防措施［J］.畜禽业,2007(3):24-27.

［30］陈会良.植物性饲料中有毒有害物质的研究进展［J］.中国养兔,2011(7):14-17.

［31］史海涛,曹志军,李键,等.中国饲料霉菌毒素污染现状及研究进展［J］.西南民族大学学报(自然科学版),2019,45(4):354-366.

［32］唐建安.饲料霉菌毒素的危害及防制［J］.四川畜牧兽医,2016,43(5):54-55.

［33］陈欠林,冯挺财,晏文波,等.饲料霉菌毒素对生猪健康的危害及应对策略［J］.养殖与饲料,2021(4):38-39.